“十三五”高等学校数字媒体类专业规划教材

Flash 动画制作翻转课堂

张　婷　主　编

杨祥民　王建文　副主编

中国铁道出版社
CHINA RAILWAY PUBLISHING HOUSE

内 容 简 介

本书采用翻转课堂的教学模式，学生通过扫二维码即可在课前观看相关教学视频。本书内容全面，条理清晰，深入浅出地介绍了Flash动画设计的基础知识和实例制作。在内容选取上，重视学生的操作技能，精选大量实例，画面生动，激发读者学习兴趣，让读者快速理解和掌握Flash动画制作的方法和技巧，满足Flash初学者和中级用户的学习需要。

全书共分13章，主要内容包括：初识Flash、Flash基本图形绘制、基本动画制作——逐帧动画、基本动画制作——形状补间动画、基本动画制作——传统补间动画、高级动画制作——路径引导动画、高级动画制作——蒙版（遮罩层）动画、按钮元件的制作及视频的播放控制、网站版头的制作、Flash音乐MV的制作、电商广告banner的制作、影视类多媒体课件制作、Flash节日贺卡的制作。

本书适合作为高等院校数字媒体技术、数字媒体艺术、影视新媒体、网络多媒体、现代教育技术、游戏动漫等相关专业师生的教材，也可供广大动画爱好者、Flash动画初学者自学参考。

图书在版编目（CIP）数据

Flash动画制作翻转课堂 / 张婷主编. — 北京：中国铁道出版社，2016.8 (2017.12重印)
“十三五”高等学校数字媒体类专业规划教材
ISBN 978-7-113-21887-4

Ⅰ. ①F… Ⅱ. ①张… Ⅲ. ①动画制作软件－高等学校－教材 Ⅳ. ①TP317.4

中国版本图书馆CIP数据核字(2016)第146009号

书　　名： Flash动画制作翻转课堂
作　　者： 张　婷　主编

策　　划： 韩从付　　　　**读者热线：**（010）63550836
责任编辑： 周　欣
编辑助理： 李学敏　吴　楠
封面设计： 刘　颖
封面制作： 白　雪
责任校对： 汤淑梅
责任印制： 郭向伟

出版发行： 中国铁道出版社（100054，北京市西城区右安门西街8号）
网　　址： http://www.tdpress.com/51eds/
印　　刷： 北京米开朗优威印刷有限责任公司
版　　次： 2016年8月第1版　　2017年12月第2次印刷
开　　本： 787 mm×1 092 mm　1/16　**印张：** 11.5　**字数：** 290千
印　　数： 2 001～4 000册
书　　号： ISBN 978-7-113-21887-4
定　　价： 45.00元（附赠光盘）

前 言

随着我国动漫、多媒体、影视等媒体产业的高速发展，数字媒体企业如雨后春笋般涌现，动漫人才紧缺。基于动漫专业的学科性质，大量的实践课程需要通过精心设计的课程实训来夯实与拓展学生的核心操作技能。将翻转课堂教学模式引入软件技能类课程的实训教学中，学生通过扫描二维码，即可在课前迅速熟悉实训所需的基本操作技能，课中进行知识的巩固和内化，使学生的实践能力和创新能力在探究和互助竞争中得到有效提升，因此，这种教学模式凸显我国着力培养应用型、技能型人才的指导思想，和“大众创业，万众创新”“互联网 +”等国家重大战略。

本书主要介绍 Flash 动画设计的基础知识和实例制作。其特点是将技术与艺术相结合，并以完成具体项目实例为目标来设立相关章节。为了便于读者学习，本书配套光盘中包含了大量的实例文件、微课视频，读者可以使用手机扫描书本上的二维码，直接观看相关章节的操作视频。

本书内容丰富、结构清晰、实例典型、讲解详尽、富于启发性。所有实例均是由高校骨干教师从教学和实际工作中总结出来。本书由广西民族大学相思湖学院张婷任主编，由南京邮电大学传媒与艺术学院杨祥民、河北水利电力学院王建文任副主编。

本书得到广西高等教育本科教学改革工程项目支持，项目编号：2016JGB486，项目名称：基于移动学习终端的翻转课堂模式研究——以数字媒体技术专业为例。本书的出版得到了中国铁道出版社的大力支持和帮助，此外，在编写过程中，我们还参考了学界同仁的研究成果，在此一并致谢。

由于编者水平有限，书中难免有疏漏及不妥之处，恳请各位领导、专家、学者和广大读者批评指正。

编者

2016 年 6 月

目录 Contents

第1章 初识 Flash

1.1 Flash 概论

Flash 是目前最优秀的网络动画之一。它的出现，宣告了网络动画时代的到来。由于 Flash 本身具有强大和灵活的网络交互功能，所以它已经成为事实上的交互多媒体技术标准。Flash 在保证传输速度的同时，还提供了非常丰富的交互动画效果，它是如此简单和有效，以至于任何人在短时间内都可以成为闪客高手。可以说，Flash 在推动网络动画的普及与大众文化方面功不可没。随着上网人数的剧增，越来越多的商业客户开始重视网络平台的宣传、展示，网络广告也呈快速发展之势。

1.1.1 Flash 的历史

Flash 最早期的版本称为 Future Splash Animator 矢量动画软件，当时 Future Splash Animator 最大的两个用户是微软（Microsoft）和迪斯尼（Disney）。1996 年 11 月，Future Splash Animator 被 MM（Macromedia.com）公司并购，同时改名为 Flash 1.0 。这里不得不提到的人物是乔纳森·盖伊（Jonathan Gay），是他和他的六人小组首先创造了 Future Splash Animator，也就是现在 Flash 的真正前身了。

Macromedia 公司在 1997 年 6 月推出了 Flash 2.0 ，1998 年 5 月推出了 Flash 3.0。但是这些早期版本的 Flash 所使用的都是 Shockwave 播放器。自 Flash 进入 4.0 版以后，原来所使用的 Shockwave 播放器便仅供 Director 使用。Flash 4.0 开始有了自己专用的播放器，称为 Flash Player，但是为了保持向下兼容性，Flash 仍然沿用了原有的扩展名：.swf（Shockwave Flash）。

2000 年 8 月 Macromedia 推出了 Flash 5.0 ，它所支持的播放器为 Flash Player 5。Flash 5.0 中的 ActionScript 已有了长足的进步，并且开始了对 XML 和 Smart Clip（智能影片剪辑）的支持。ActionScript 的语法已经开始定位为发展成为一种完整的面向对象的语言，并且遵循 ECMAScript 的标准，与 javascript 类似。

2002 年 3 月 Macromedia 推出了 Flash MX，支持的播放器为 Flash Player 6。Flash 6 开始了对外部 jpg 和 MP3 调入的支持，同时也增加了更多的内建对象，提供了对 HTML 文本更精确的控制，并引入 SetInterval 超频帧的概念。同时也改进了 swf 文件的压缩技术。

2003 年 8 月 Macromedia 推出了 Flash MX 2004，其播放器的版本被命名为 Flash Player 7。

2005 年，Adobe 公司以 34 亿美元并购了 Macromedia 公司，不久 Adobe 公司相继推出了 Flash CS3、Flash CS4 版本。这两个版本无论在界面上还是在功能上都有了很大的变化。Adobe 公司于 2010 年 4 月推出 Flash CS5，它继承 Flash CS4 的风格，但也有很多变化。目前较常用的版本是 Flash CS6，Adobe Flash CS6 设计身临其境，而且在台式计算机和平板电脑、智能手机和电视等多种设备中都能呈现一致效果的互动体验。

Flash CS6 新增功能：使用带本地扩展的 Adobe Flash Professional CS6 软件可生成 Sprite 表单和访问专用设备，锁定最新的 Adobe Flash Player 和 AIR 运行时以及 Android 和 iOS 设备平台。

（1）生成 Sprite 表单，导出元件和动画序列，以快速生成 Sprite 表单，协助改善游戏体验、工作流程和性能。

（2）HTML 的新支持，以 Flash Professional 的核心动画和绘图功能为基础，利用新的扩展功能（单独提供）创建交互式 HTML 内容。导出 Javascript 来针对 CreateJS 开源架构进行开发。

（3）广泛的平台和设备支持，锁定最新的 Adobe Flash Player 和 AIR 运行时，用户能针对 Android 和 iOS 平台进行设计。

（4）创建预先封装的 Adobe AIR 应用程序，使用预先封装的 Adobe AIR captive 运行时创建和发布应用程序。简化应用程序的测试流程，使终端用户无须额外下载即可运行内容。

（5）Adobe AIR 移动设备模拟，模拟屏幕方向、触控手势和加速计等常用的移动设备应用互动来加速测试流程。

（6）锁定 3D 场景，使用直接模式作用于针对硬件加速的 2D 内容的开源 Starling Framework，从而增强渲染效果。

（7）可伸缩的工具箱，在 Flash CS6 里，所有的工具窗口都可以自由伸缩，从而使画面非常具有弹性。

（8）可导入的文件格式更多，几乎所有媒体格式都可导入。

1.1.2　Flash 的优势

Flash 动画之所以被广泛应用，是与其自身的优势密不可分的。

（1）Flash 动画受网络资源的制约一般比较短小，利用 Flash 制作的动画是矢量的，无论把它放大多少倍都不会失真。

（2）Flash 动画具有交互性优势，可以更好地满足所有用户的需要。它可以让欣赏者的动作成为动画的一部分。用户可以通过点击、选择等动作，决定动画的运行过程和结果，这一点是传统动画所无法比拟的。

（3）Flash 动画可以放在网上供人欣赏和下载，由于使用的是矢量图技术，具有文件小、传输速度快、播放采用流式技术的特点，因此动画是边下载边播放，Flash 动画在网上被广泛传播。

（4）Flash 动画有崭新的视觉效果，比传统的动画更加轻易与灵巧，更加“酷”。不可否认，它已经成为一种新时代的艺术表现形式。

（5）Flash 动画制作成本非常低，使用 Flash 制作动画能够大大地减少人力、物力资源的消耗。同时，在制作时间上也会大大缩短。

（6）Flash 动画在制作完成后，可以把生成的文件设置成带保护的格式，这样维护了设计者的版权利益。

Flash 动画的劣势主要表现在以下 5 方面。

（1）从业人员数量及经验不足。相对传统广告数据庞大的从业人员，Flash 动画的制作人员较少，许多闪客并不具备扎实的美工基础，没有严格的商业操作流程，缺乏知识产权保护意识，严格意义上的制作群体并没有形成。

（2）Flash 中人物刻画不够完善，很多动作、神态都需要有一定的美术功底及 Flash 基础，对于初学者比较困难。

（3）初学者对 Flash 中的一些脚本语言无从下手，只好从大量的视频、书籍里寻找答案，一些高难度的动画如鼠标跟随，swf 文件加密，asv 反编译等技术暂时无法实现，只好退而求次在按钮等上面加入一些简单的脚本语言。

（4）广告创意及产品诉求相对单一。动画类广告及产品多属于简单直观的表达方式，画面比较粗糙，不讲究画面的精美，看重的是在作品中突出品牌，对于产品的深层次特征挖掘不够，在展示产品特色方面做得没有传统的电视广告好。

1.1.3 Flash 的应用分类

在现阶段，Flash 应用的领域主要有以下几个方面。

（1）娱乐短片：这是当前国内最火爆，也是广大 Flash 爱好者最热衷的一个领域，利用 Flash 制作动画短片，供大家娱乐。这是一个发展潜力很大的领域，也是一个 Flash 爱好者展现自我的平台。

（2）片头：精美的片头动画，可以大大提升网站的点击率。片头就如电视的栏目片头一样，可以在很短的时间内把整体信息传播给访问者，既可以给访问者留下深刻的印象，同时也能在访问者心中树立良好形象。

（3）广告：这是最近几年开始流行的一种形式。有了 Flash，广告在网络上发布才成为可能，而且发展势头迅猛。根据调查资料显示，国外的很多企业都愿意采用 Flash 制作广告，因为它既可以在网络上发布，同时也可以存为视频格式在传统的电视台播放。一次制作，多平台发布，所以必将会得到更多企业的青睐。

（4）MTV：这也是一种应用比较广泛的形式。在一些 Flash 制作网站，几乎每周都有 MTV 作品更新。在国内，用 Flash 制作 MTV 也开始应用于商业。

（5）导航条：Flash 的按钮功能非常强大，是制作菜单的首选。通过鼠标的各种动作，可以实现动画、声音等多媒体效果，在美化网页和网站的工作中效果显著。

（6）小游戏：利用 Flash 开发迷你小游戏，在国外一些大公司比较流行，他们把网络广告和网络游戏结合起来，让观众参与其中，大大增强了广告效果。

（7）产品展示：由于 Flash 有强大的交互功能，所以一些公司，如 Dell、三星等，都利用它来展示产品。动画中可以通过方向键选择产品，再控制观看产品的功能、外观等，互动的展示方式比传统的展示方式更胜一筹。

（8）应用程序开发的界面：传统应用程序的界面都是静止的图片，由于任何支持 ActiveX 的程序设计系统都可以使用 Flash 动画，所以越来越多的应用程序界面应用了 Flash 动画，如金山词霸的安装界面。

（9）开发网络应用程序：目前 Flash 已经大大增强了网络功能，可以直接通过 XML 读取数据，又加强了与 ColdFusion、ASP、JSP 和 Generator 的整合，所以用 Flash 开发网络应用程序肯定会越来越广泛。

1.1.4　Flash 的动画制作流程

1. 剧本

（1）新建剧本文件。文件命名为“A- 剧本名 - 日期 - 制作人的名字”，修改的时候另存一个文件并且把日期改为修改当日日期。

（2）剧本的来源一般分两种情况：一种是创意部提供的剧本或是客户提供的剧本；一种是我们自己编写的剧本。

有的时候这些剧本只描述故事，不能让读者产生直观的印象，那么这就需要动画制作者把小说式剧本变成运镜式剧本，使用视觉特征强烈的文字表达，把各种时间、空间氛围用直观的视觉感受量词表现出来。运镜式剧本其实就是使用能够明确表达视觉印象的语言来写作，用文字形式来划分镜头。创意部提供的剧本有的时候就是带分镜头的，但是相关信息并不全。动画制作者要在此剧本的基础上用视觉语言把文字充实起来。

举例说明：如果要表达一个季节氛围，他们的剧本会写“秋天来了，天气开始凉了”。但是接下来要如何根据这句话来描绘一个形容“秋天来了，天气凉了”的场景，此时需要思考如何把季节和气候概念转化为视觉感受。“秋天来了，天气开始凉了。”有多种视觉表达方式，我们必须给人一个明确的视觉感受。剧本可以写“树上的枫叶呈现出一片红色，人们穿上了长袖衣衫。”这是一个明确表达的视觉观感。也可以写“菊花正在盛开，旁边的室内温度计指向摄氏 10 度”，同样是一个明确表达“秋天来了，天气凉了。”的视觉印象。用镜头语言进行写作，可以清晰地呈现出每个镜头的面貌。如果要表达一个人走向他的车子的情景，可以这么写：“平视镜头，XX 牌轿车位于画面中间稍微靠右，角色 A 从左边步行入镜，缓步走到车旁，站停，打开车门，弯腰钻入车内。”这就是一个明确的镜头语言表述。

2. 分析剧本

（1）新建剧本分析文件。文件命名为“B- 剧本名 - 上本日期 - 制作人的名字”，修改时另存一个文件并且把日期改为修改当日日期。

（2）当确定运镜式剧本之后。开始分析剧本，确定好三幕，它们分别主要讲哪些事情。

第一幕开端：建置故事的前提与情景，故事的背景。第二幕中端：故事的主体部分，故事的对抗部分。第三幕结束：故事的结尾。

（3）把每一幕划分为 *N* 个段落，确定每一幕中都有哪些段落，确定每一个段落主要讲哪些事情。

（4）把每一段落划分为 N 个场景。确定每一段落中都有哪些场景，其中的每个场景都是具有清晰的叙事目的，由在同一时间发生的相互关联的镜头组成，并且确定每个场景间的转场。

（5）把每一场景划分为 N 个镜头。用多个不同景别、角度、运动、焦距、速度、画面造型、声音表现，把一个场景中要说的事情说明白。如果在同一场景内有多个镜头的大角度变化，就画出摄像机运动图。

3. 文件名命名规则

设定文件与原件命名代码，新建立的文件和原件都用代号来替代，以缩短文件名长度。

角色名号：JS+ 角色序列号

场景号：CJ+ 场景序列号

动作号：DZ+ 动作序列号

场景号：CJ+ 场景序列号

镜头号：JT+ 镜头序列号

视角号：SJ+ 视角序列号

具体部分号：BF+ 部分序列号

部位号：BW+ 部位序列号

日期号：当日的月份 / 日期

制作人号：制作人员编号

4. 镜头

（1）新建剧本分析文件。文件命名为“C- 剧本名 - 上本日期 - 制作人的名字”，修改时另存一个文件并且把日期改为修改当日日期。

（2）按照表格把文字的运镜式剧本通过视觉语言把镜头填入进去，并且要把相对应的选择项填写好，如有其他内容，填写在备注中，尽量做到看表格就能在脑子里形成动起来的画面。

5. 角色设计

（1）初步设计，画出角色的正视图（铅笔稿或是电子版），画出几个人物在一起的集体图，新建角色设计文件时，文件命名为“D01a- 角色号 - 日期 - 制作号”。集体图文件的名称是：D01b- 角色名 - 上本日日期 - 制作号。

（2）画出每个人物的正视角、侧视角、背视角四分之三视角的图，并且用线标出人物在各个视角头部、上身、下身的高度，新建角色多视图文件时，文件命名为“D02a- 角色号 - 日期 - 制作号”。

（3）制作原件，把角色人物在 Flash 上画出来，新建角色 Flash 文件。人物原件 Flash 文件按照顺序设为五层，每个需要动的原件设置为一个原件，把人物全都放在一个大的原件里，原件命名为“D02a- 角色号 - 视角号 - 日期 - 制作号”。关键是要把每个原件的中心点移至与上一个原件连接的连接点，并且在上一个图层遮挡的下边多画出一部分，以便调动作。

（4）给角色上色，并且确定色彩。新建角色上色 Flash 文件。文件命名为“D04a- 角色号 - 日期 - 制作号”，先给角色的正视图上色，确定下来之后再给所有的图上色，通过了之后，制作颜色表，把每部分的颜色用色彩和颜色数值确定下来，依照颜色表给角色所有的视角上色。

（5）制作角色库。新建立角色库 Flash 文件。文件命名为“D05a- 日期 - 制作号”，把所有角色的所有视角图分门别类地排列在库中，每个角色都是一层，并把层命名为该角色的名字。

6. 场景设计

（1）初步设计，画出本镜头场景的正视图（铅笔稿或是电子版），画出本场景所需要的多个角度。

（2）给场景上色，并且确定色彩，新建场景上色 Flash 文件。文件命名为“E01a- 场景号 - 视角号 - 日期号 - 制作号”，先给场景的正视图上色，确定之后再给所有的图上色，通过了之后，制作颜色表，把每部分的颜色用色彩和颜色的数值确定，依照颜色表给所有场景上色。

（3）制作场景库，新建场景库 Flash 文件。文件命名为“E02b- 日期 - 制作号”，把所有场景的所有视角图分门别类地排列在库中，每个场景都是一帧，并把层命名为该场景的名字。

7. 动作设计

新建动作 Flash 文件。文件命名为“F01 号 - 动作号 - 日期 - 制作号”。建立动作原件，原件名“F01 号 - 动作号 - 帧数 - 日期 - 制作号”。制作动作库，新建动作库 Flash 文件。文件名为“F02- 日期 - 制作号”。把所有动作的所有视角图分门别类地排列在库中，每个动作都是一帧，并把层命名为该场景的名字。

8. 镜头合成

新建镜头 Flash 文件。文件命名为“G01 号 - 镜头号 - 日期 - 制作号”。Flash 文件中每个场景就是一个镜头。在本镜头中每一层的名字都要命名为本层动画的名字。如果在本层上添加别的动画，在动画的最前一帧上标出动画的名字。在本镜头制作的要件都要存成原件，并且命名为“镜头号 -JS/CJ/DZ- 要件名 - 日期”。

9. 声音合成

声音分为整体音乐和动作特效。整体音乐要根据整个片子来配，不过这些要在后期合成为成片时完成。单个动作音效根据动作来配，可以直接在 Flash 的层上添加，不过要在层名字上标注音乐层，也可以在 Flash 上编辑特效和一些音乐。

10. 后期合成

把所有镜头合成到一起，建立合集文件。命名为“片名 - 合集 - 时间”。有多少镜头文件，就在 Flash 文件中建立多少个场景。打开场景，再把相应的镜头文件打开，全选帧后复制，然后回到合集文件粘贴。把一个个的镜头文件复制到合集中并观看，无误后生成 PNG 串，带通道。

1.1.5　Flash 的发展趋势

Flash 是一种交互式矢量多媒体技术，是传统手工动画与计算机技术紧密结合的产物，它融合了多媒体和互动两个特性，它一改将平面漫画照搬到网络上仍然是静态页面的展现形态，实现了动态页面，生成了一种新的表现形态。目前，Flash 动画已成为网络多媒体的主流，网络作为承载 Flash 这一创作形式的第四媒体，将信息的流通带入了一个全新的阶段，也为新媒体艺术另辟新径。

1.2 认识 Flash 的工作环境

1. 启动界面

本书以 Adobe Flash CS5.5 版本为基础介绍相关内容，打开 Flash 软件，启动界面如图 1-1 所示。

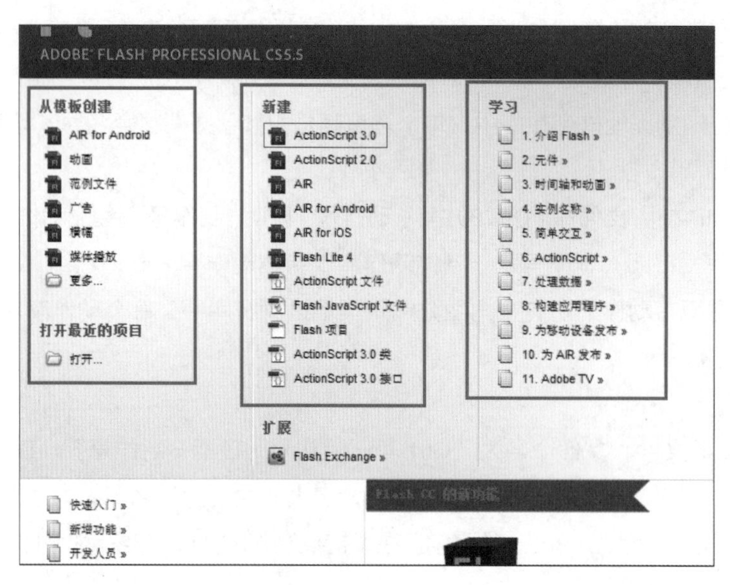

■ 图 1-1　启动界面

2. 新建 Flash 动画

在启动界面，选择“新建”—AcctionScript 3.0 即可新建 Flash 动画。

温馨提示：*启动 Flash 时，如果没有出现“开始”页面，则通过选择“文件” | “新建” | “常规” | “Flash 文档”命令也可以新建一个动画文件。*

3. 工作界面

打开一个新的工作界面，如图 1-2 所示。

4. 文档选项卡

如果打开或创建多个文档，文档名称将按文档创建先后顺序出现在“文档选项卡”中。单击文件名称，即可快速切换到该文档。

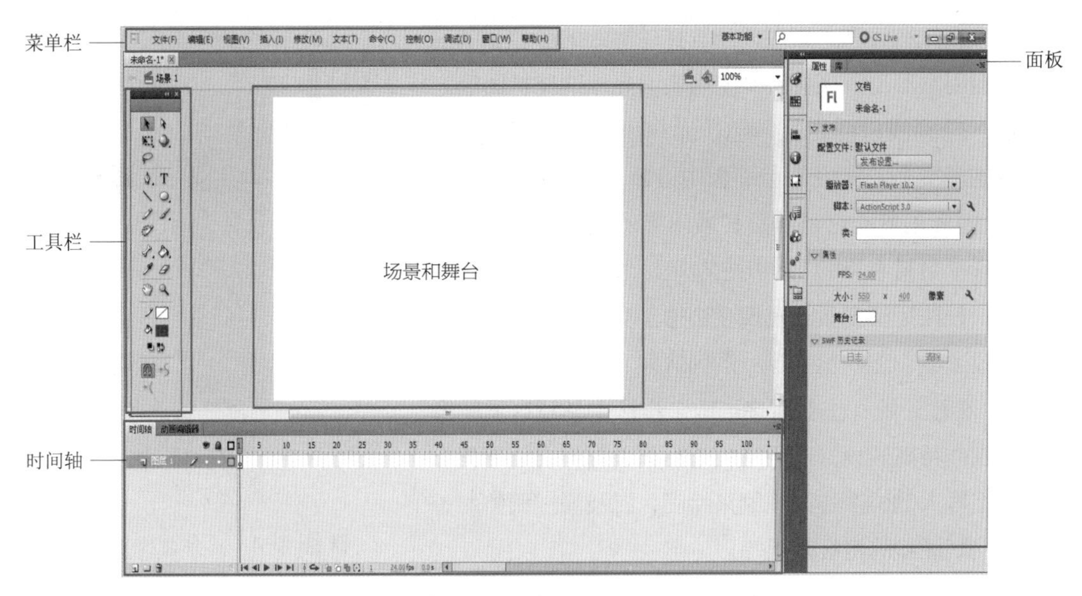

■ 图 1-2 Flash 工作界面

5. 时间轴

时间轴用于组织和控制文档内容在一定时间内播放的图层数和帧数。与胶片一样，Flash 文档也将时长分为帧。时间轴的主要组件是图层、帧和播放头。

动画是事先绘制好每一帧的动作图片，然后让它们连续播放，便形成了动画效果，时间轴的一些功能介绍如图 1-3 所示。

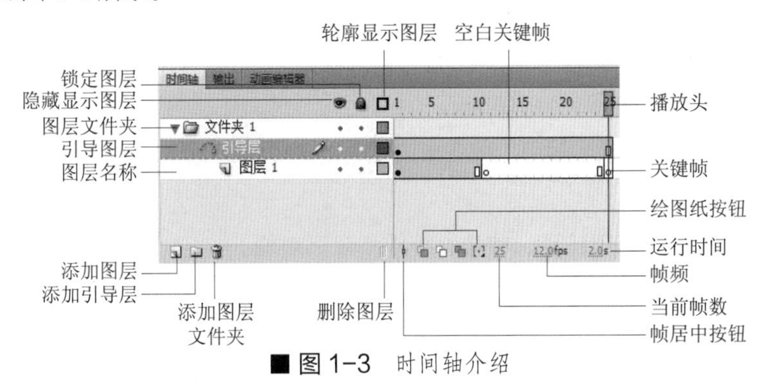

■ 图 1-3 时间轴介绍

1.3 认识 Flash 工具面板

选择“编辑”|“自定义工具面板”命令，打开“自定义工具栏”对话框，可以自定义工具面板中的工具，如图 1-4 所示。

（1）圆形工具：圆形工具的功能非常强大。它可用来绘制椭圆和正圆，不仅可任意选择轮廓线的颜色、线宽和线型，还可任意选择轮廓线的颜色和圆的填充色。利用圆形工具还可绘制出有表面光泽的球状图形。

（注：轮廓线只能定义单色，而在填充区域则可定义多种色彩的渐变色，可在颜色面板中设置。）

（2）矩形工具：它是从圆扩展出来的一种绘图工具，用法与圆形工具基本相同，利用它也可以绘制出带有一定圆角的矩形。长按矩形工具会出现多边形工具，可在“属性”面板中设置边数、边线粗细等一系列效果。

（3）笔刷工具：主要用来更改工作区中任意区域的颜色，以及制作特殊效果。利用笔刷工具可以制作书法效果，并且可以把导入的位图作为笔刷来绘画，以及通过调整刷子的压力来控制图线的粗细效果等。

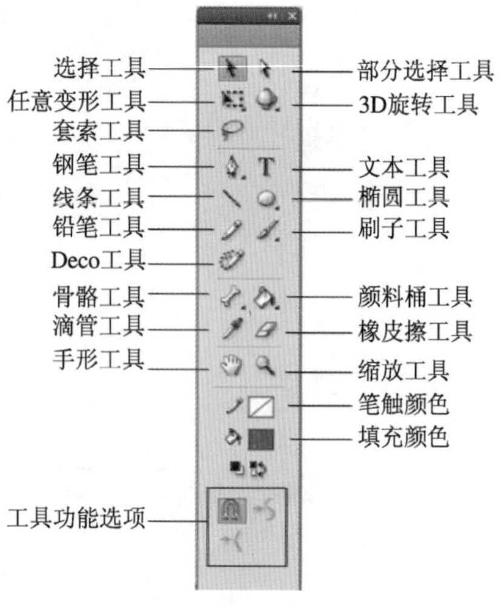

■ 图 1-4　工具面板介绍

（4）滴管工具：按住【Ctrl+B】组合键的情况下滴管工具才能吸取颜色，以及吸取文字的属性（字体、字号、字型、颜色等）应用于其他文字。

（注：滴管工具仅仅涉及修改文字属性，不会改变类型。例如，原来是静态文字，不会改为动态文字或输入文字。）

（5）橡皮擦工具：橡皮擦工具用于擦除场景中的图形。擦除模式分 5 种。

标准擦除——擦除鼠标拖动过地方的线条与填充。

擦除颜色——仅仅擦除填充物，不影响线条。

擦除线条——仅仅擦除线条，不影响填充物。

擦除所选填充——只能擦除选中的填充。

内部擦除——仅能擦除鼠标起点（单击）处的对象的填充。不影响线条，如果起点处空白，则不会擦除任何对象。

（6）任意变形工具：用于移动、旋转、缩放和变形对象。

任意变形工具选定一个对象后，四周出现八个控制点和一个变换中心点。控制点、变换中心点的作用，以及变形的操作方法与 Photoshop 类似。

倾斜变形：在将鼠标移至轮廓线附近（控制点处），显示倾斜手柄，拖动手柄可产生倾斜变形。“旋转与倾斜”命令和“缩放与旋转”命令，仍需用鼠标操作。

扭曲变形：可按【Ctrl】键后，进行扭曲变形。

（7）选择工具：用于可选取对象、修改对象（改变图形形状，如拉长或缩短线条长度）。

① 选取对象的方法：

单击——选择线条、填充物、对象组、实例、文本。

双击——相连线段中任意一段，选取所有相连线段。

双击——填充物，同时选中填充物与轮廓线。

鼠标拖拽矩形框——选中矩形框所有对象（部分）。

② 修改形状方法

拖动节点（不选中）——改变线条、轮廓线形状。

拖动线段（不选中）——改变线条、填充物形状。

（注：选中，则整体拖动。）

（8）部分选取工具：与 Photoshop 中直接选择工具的功能与使用方法类似。功能是：移动图形轮廓线上锚点和控制点的位置，修改图形大小和形状。移动路径上锚点和控制点的位置，修改路径。

选中需转换类型的单个拐角节点（空心变成实心）后，按住【Alt】键，然后用部分选取工具移动该节点。出现控制柄和控制点，节点类型即改变。

（9）套索工具：用于选取多个对象或不规则区域。

套索工具的功能既可相当于 Photoshop 中魔术棒工具，也可相当于套索工具。关键是选项栏上的设置。

“魔术棒”按钮——单独按下，使用方法和选取效果与 Photoshop 套索工具或魔术棒类似。

“多边形模式”按钮——单独按下，使用方法和选取效果与 Photoshop 多边形套索工具类似。

上述两个按钮均按下——相当于多边形套索工具。

单击“魔术棒属性”按钮，弹出“魔术棒设置”对话框，设定阈值及平滑度。

（10）颜料桶工具：可对“封闭”区域填充纯色、渐变色、位图等。

选项栏设置——选择“封闭”区域间隔尺寸。

不封闭空隙——只能在封闭区域填充。

封闭小空隙——区域边界有小空隙，仍可填充。

封闭中等空隙——区域边界有中等空隙，仍可填充。

封闭大空隙——区域边界有大空隙，仍可填充。

单击“锁定填充”按钮，填充渐变色或位图时，填充“映射（作用范围）”为整个场景。例如，渐变色是色谱，若锁定，整个场景才能显示色谱所有颜色；若不锁定，则填充范围内，就可显示色谱的所有颜色。

修改填充色，也不一定用颜料桶。例如，可以用箭头工具，选中一个对象后，在工具面板“颜色”区中，或“混色器”面板上，更改填充色即可。

编辑渐变色和位图填充效果，须在“混色器”面板上进行（单色填充，无编辑问题）。填充用的位图，需提前导入。如果本文档的库中没有位图，则在填充类型框中选中“位图”后，需立即导入一幅位图。凡是在库中有的位图，在混色器面板中均能自动显示。

（11）线条工具：有时称为直线工具，用于绘制直线。

按下鼠标左键在场景中拖动，即可绘制直线。按【Shift】键后，绘制直线时，直线倾角为45° 倍数。若选择“查看”|“网格”|“对齐网格”命令，则拖动鼠标接近网格时，会被“吸附”到网格线上。

（12）铅笔工具：铅笔工具可绘制曲线。

选项栏可设置三种绘图模式。

伸直（直线）模式——用于绘制直线。当所绘图形封闭时，会自动拟合成三角形、矩形、椭圆等规则几何图形。

平滑模式——绘制比较光滑的曲线。

墨水（徒手）模式——对绘制的曲线不加修饰。

（13）钢笔工具：钢笔工具用于绘制路径、修改路径。兼备 Photoshop 中钢笔工具的功能（即钢笔、添加锚点、删除锚点），以及转角点工具的功能。

在场景中单击设定锚点，锚点之间自动添加连线，成为路径。单击设定的是拐角锚点，单击后按住并拖动设定的是曲线锚点。提示：①绘制不封闭的路径，按【Esc】键结束，或者在结束节点处双击。②没有封闭的路径可以继续绘制，用钢笔工具选中路径后，单击两个端点中的任意一个，即可继续绘制。

修改路径仍使用钢笔工具。添加、删除节点——当鼠标移动到路径上无节点处，光标右下方出现“+”，单击可以添加节点；当鼠标移动到路径上有节点处，光标右下方出现“－”，单击可删除节点（只能删除拐角节点）。

转变节点类型——只能将曲线节点转换成拐角节点。方法是，将鼠标移至节点处，光标右下方出现尖角图形后单击。拐角节点转成曲线节点用部分选取工具。

（14）文本工具：文本工具用于制作文字对象。

在 Flash 中，文本有三类。即静态、动态、输入。

静态文本——内容及外观在制作影片时确定，播放过程中不会改变。

动态文本——可在播放过程中，更新内容和外观。

输入文本——播放过程中，供浏览者输入，产生交互效果。

文本框类型：文本框有两种，可相互转换。宽度不固定的文本框，右角上控制柄为圆形，鼠标拖动控制柄，即可转换成宽度固定文本框。宽度固定文本框，右角上控制柄为方形，双击控制柄，转换成宽度不固定文本框。

（15）手形和缩放工具：手形工具用于移动场景工作区。缩放工具用于缩放场景比例尺（按住【Alt】键缩小）。

（16）线条工具与颜色设置

线的宽度为 0 ~ 10 磅。线条颜色只能是纯色，可在工具面板颜色区或混色器面板上设置。线条样式，又称笔触样式，包含直线、虚线、点状线、点描、锯齿状、斑马线等六种。在“属性”

面板上设置，可以单击“自定”按钮后，在“线型”对话框中设置。

1.4 常用面板介绍

1. 舞台

舞台是创建 Flash 文档时放置图形内容的矩形区域。在“属性”面板中可以修改舞台的大小。在时间轴右上角的“显示比例”中可以根据需要改变舞台显示比例的大小，如图 1-5 所示。

选择“缩放工具”，在舞台上单击可放大或缩小舞台的显示比例。按【Alt】键也可以互相切换，如图 1-6 所示。

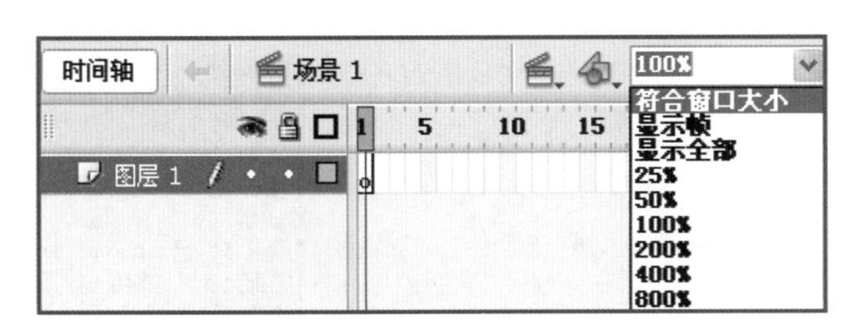

■ 图 1-5　设置舞台显示比例

■ 图 1-6　缩放舞台显示比例

2. 常用面板简介

（1）“属性”面板

“属性”面板可以很容易地访问舞台或时间轴上当前选定项的最常用属性。也可以在面板中更改对象或文档的属性，如图 1-7 所示。

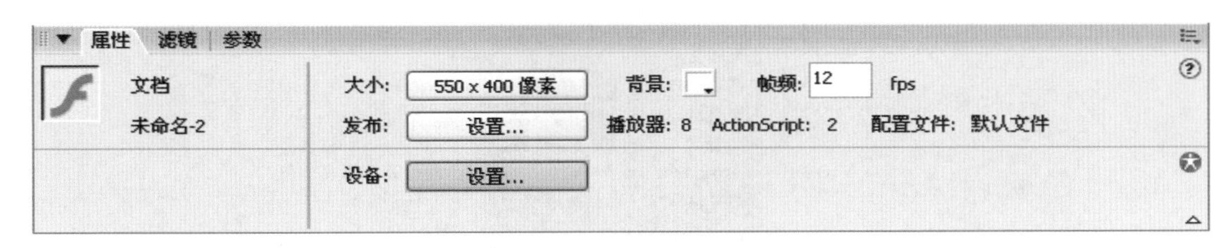

■ 图 1-7　“属性”面板

（2）“动作面板”

“动作”面板是动作脚本的编辑器，如图 1-8 所示。

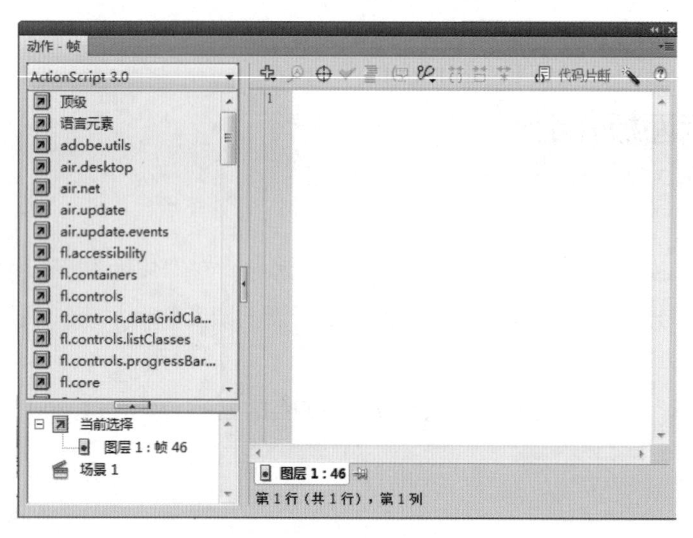

■ 图 1-8　“动作”面板

（3）“对齐”面板

“对齐”面板分为 5 个区域，可以重新调整选定对象的对齐方式和分布，如图 1-9 所示。

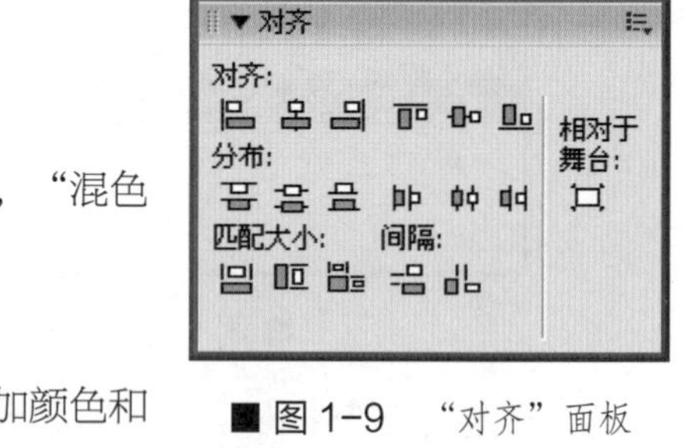

■ 图 1-9　“对齐”面板

（4）“混色器”面板

“混色器”面板可以创建和编辑笔触颜色和填充颜色，“混色器”面板如图 1-10 所示。

（5）“颜色样本”面板

“颜色样本”面板提供了最为常用的颜色，并且能添加颜色和保存颜色。单击即可选择需要的常用颜色，“颜色样本”面板如图 1-11 所示。

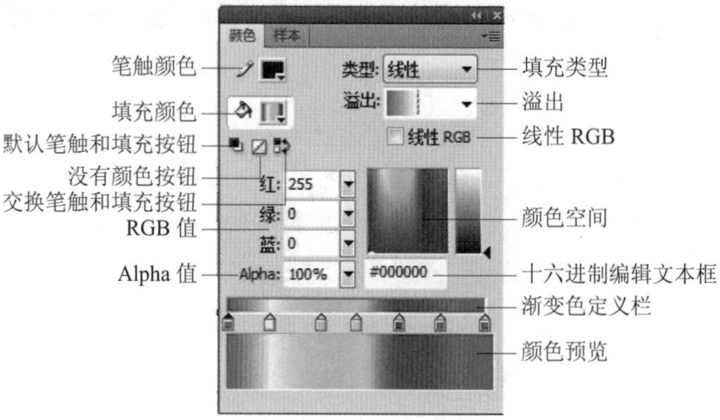

笔触颜色　填充颜色　默认笔触和填充按钮　没有颜色按钮　交换笔触和填充按钮　RGB 值　Alpha 值　填充类型　溢出　线性 RGB　颜色空间　十六进制编辑文本框　渐变色定义栏　颜色预览

■ 图 1-10　“混色器”面板

（6）“信息”面板

“信息”面板可以查看对象的大小、位置、颜色和鼠标指针的信息，如图 1-12 所示。

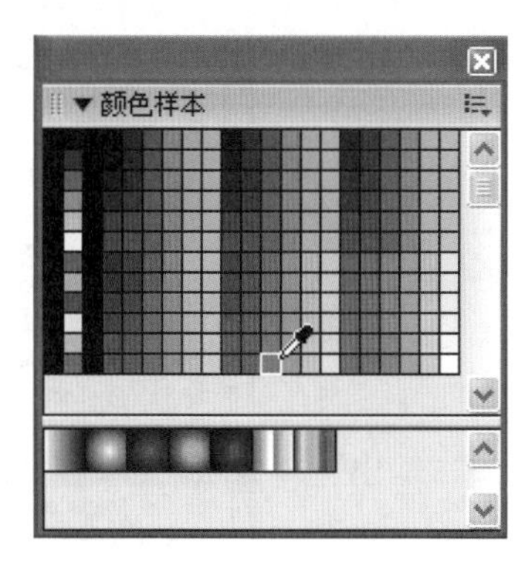

■ 图 1-11 “颜色样本”面板

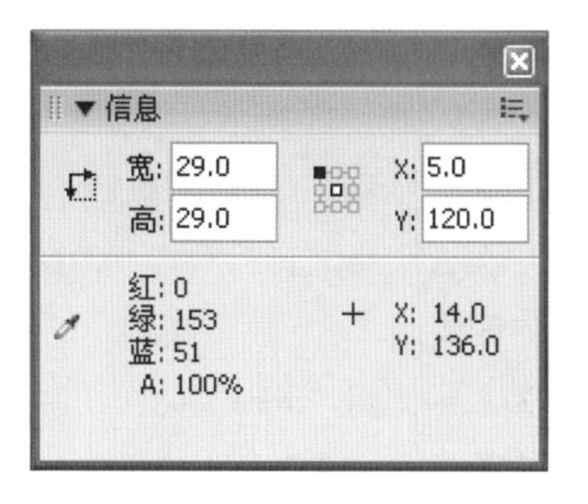

■ 图 1-12 “信息”面板

（7）“场景”面板

一个动画可以由多个场景组成。“场景”面板中显示了当前动画的场景数量和播放的先后顺序。当动画包含多个场景时，将按照它们在“场景”面板中的先后顺序进行播放，见图 1-13。

（8）“变形”面板

“变形”面板可以对选定对象执行缩放、旋转、倾斜和创建副本的操作。“变形”面板分为 3 个区域，如图 1-14 所示。

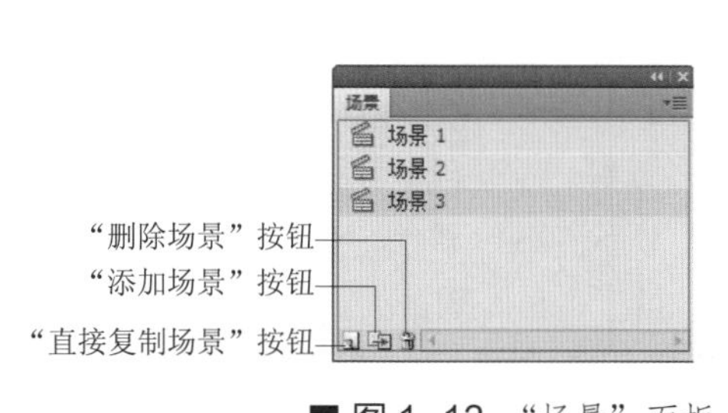

■ 图 1-13 “场景”面板

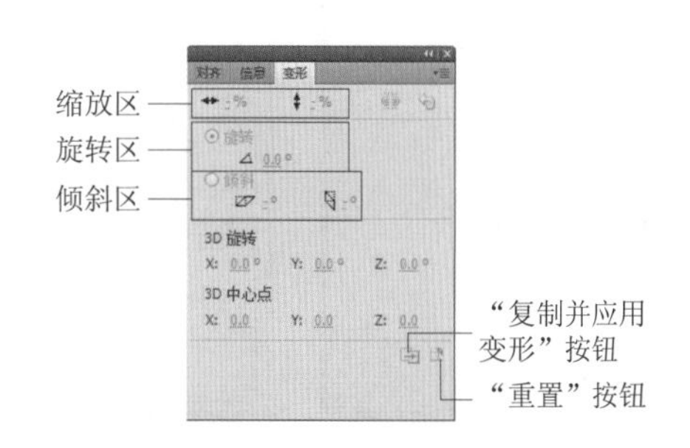

■ 图 1-14 “变形”面板

（9）“组件”面板

利用“组件”面板可以查看所有组件。可以在创作过程中将组件添加到动画中。组件是应用程序的封装构建模块，使设计人员在没有“动作脚本”时也能使用这些功能。一个组件是一段影片剪辑。所有组件都存储在“组件”面板中。

“组件”面板包含数据组件、媒体组件、用户界面（UI）组件，如图 1-15 所示。

（10）“组件检查器”面板

选中“组件”实例，可以在“组件检查器”面板中查看“组件”属性、设置“组件”实例的参数等，如图 1-16 所示。

（11）“调试器”面板

选择“控制”|“调试影片”命令，可以激活“调试器”面板。使用“调试器”面板可发现影片中的错误。在测试模式下使用“调试器”面板可以对本地文件进行测试，也可以测试远程位置

的 Web 服务器上的文件。

在“调试器”面板设置动作脚本中的“断点”，以便产生正确的结果，“调试器”面板如图 1-17 所示。

（12）“输出”面板

“输出”面板在测试文档模式下，窗口自动显示提示信息，有助于排除影片中的错误。

如果在脚本中使用“trace”动作，影片运行时，可以向“输出”面板发送特定的信息，并在面板中显示出来。这些信息包括影片状态说明或者表达式的值，如图 1-18 所示。

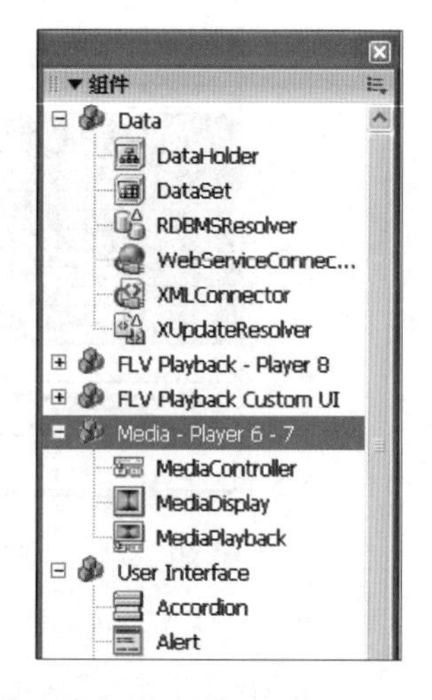

■ 图 1-15 “组件”面板

■ 图 1-16 “组件检查器”面板

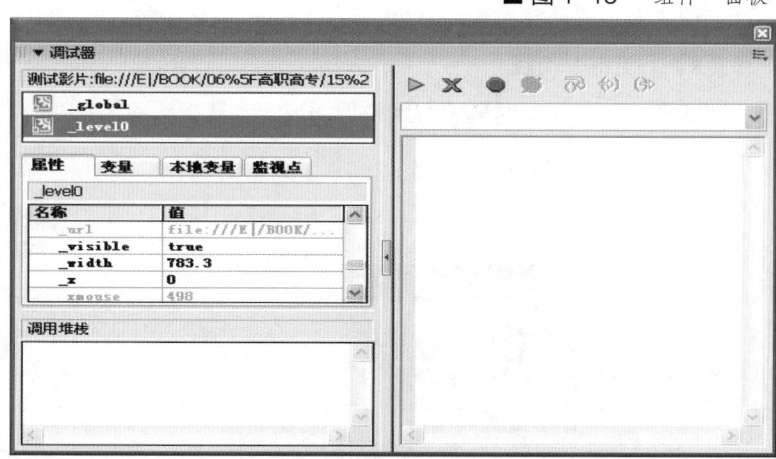

■ 图 1-17 “调试器”面板

（13）“行为”面板

利用“行为”面板，无须编写代码即可为动画添加交互性。例如，链接到 Web 站点、载入声音和图形、控制嵌入视频的回放、播放影片剪辑、触发数据源。通过单击面板上的“添加行为”按钮来添加相关的事件和动作。添加完的事件和动作显示在“行为”面板上，如图 1-19 所示。

（14）“Web 服务”面板

使用“Web 服务”面板可以添加和删除 Web 服务的 URL。通过“Web 服务”面板，开发人员可以使用 Web 服务作为客户机和服务器之间的数据交换机制，使用简单对象访问协议（SOAP）来实现前台与后台程序之间的数据交换。

单击“Web 服务”面板（见图 1-20）上的“定义 Web 服务”按钮，弹出“定义 Web 服务”对话框，如图 1-21 所示。

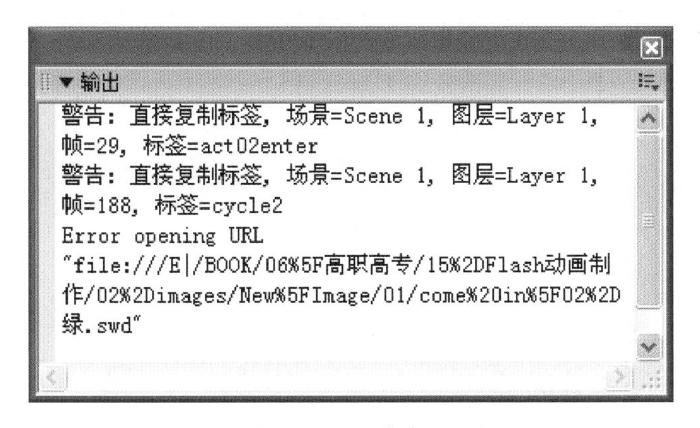

■ 图 1-18 "输出"面板

■ 图 1-19 "行为"面板

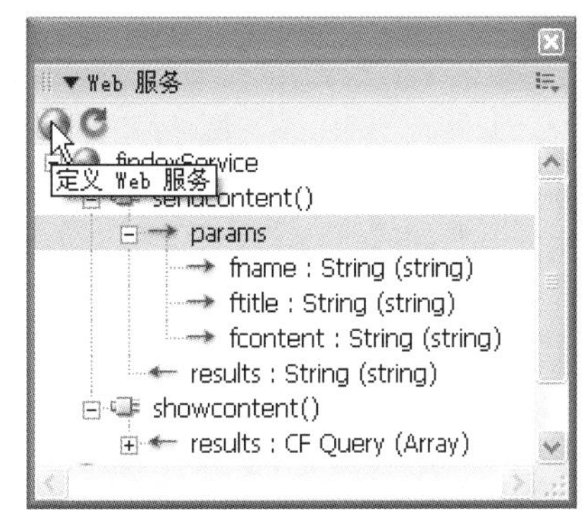

■ 图 1-20 "Web 服务"面板

■ 图 1-21 "定义 Web 服务"面板

课后检测

一、单项选择题

1. Flash CS5 的软件保存格式为（　　）。

   A. .ai　　B. .png　　C. .jpg　　D. .fla

2. 插入关键帧的快捷键是（　　）。

   A. F5　　B. F6　　C. F7　　D. F8

3. 在 Flash 中，帧频率为（　　）。

   A. 每小时显示的帧数　　B. 每分钟显示的帧数

   C. 每秒显示的帧数　　D. 以上都不对

4. 下列关于 Flash 影片舞台可以设置的最大尺寸，说法正确的是（　　）。

   A. 550 px × 400 px　　B. 1600 px × 1200 px

   C. 2880 px × 2880 px　　D. 可以设置为无限大

5. 按（　　）组合键可打开库面板。

A. 【Ctrl+A】　　B. 【Ctrl+L】　　C. 【Ctrl+C】　　D. 【Ctrl+O】

6. 在 Flash CS5 中，插入帧的作用是（　　）。

A. 完整的复制前一个关键帧的所有内容　　B. 延时

C. 等于插入了一张白纸　　D. 以上都不对

二、填空题

1. ________是创建 Flash 文档时放置图形内容的矩形区域。

2. “工具”面板分为四个部分：________区域、查看区域、________区域和选项区域。

3. 在 Flash CS5 中，放大或缩小整个舞台，可选择________菜单下的“放大”或“缩小”命令。

第2章 Flash 基本图形绘制

课前学习任务单

学习主题：绘制矢量图形

达成目标：掌握选择工具、矩形工具、椭圆工具、线条工具的使用方法

学习方法建议：在课前观看微课视频学习，并尝试绘制矢量图形

课堂学习任务单

学习任务：制作毛笔、酒杯、立体文字图形

重点难点：熟练掌握绘图工具的使用方法，尤其是“选择工具”调整图形的功能

学习测试：制作一把彩虹雨伞

在使用 Flash 软件创建动画之前，首先需要创建各种精美的图像，然后在此基础上进行动画创作，所谓万丈高楼平地起，打好地基很重要。除了熟练掌握各种绘图工具的使用技巧及颜色的处理外，还需要理解图层、元件、实例的含义。

虽然 Flash 不是专业的绘图软件，但是它提供了绘制、编辑图形的全套工具，通过本章的学习，我们可以绘制出精美的图形，并在此基础上进行动画创作，为此应该首先了解 Flash 的绘图原理，掌握相关的术语。

（1）元件和实例：元件是在动画中反复使用的元素，可以是图形、按钮或影片剪辑。用鼠标直接将元件从库中拖动到舞台上，就创建了该元件的一个实例。我们可以将元件理解为一个演员本身，当他登上舞台，就成为一个角色，即实例，角色有很多种，实例也可以放大、缩小、旋转，但是元件只有一个，即演员本身。所以对元件进行修改，所有的实例将会随之修改。

（2）图层：我们可以将图层想象成为一叠透明的纸，每张纸代表一层，透过一张纸的空白部分可以看到下面纸的内容，而纸上有内容的部分将会遮挡住下一层相同部位的内容。所以可以通过调整纸（层）的次序来改变所看到的内容。利用不同图层来组织安排动画对象，有利于对它们进行管理，不会相互影响。一般来说，背景层放在最底层，放置静止的图像，其他图层则放置运动的图像。

Flash 是一款动画制作工具，可以创建从简单的动画到复杂的交互动画。绘图只是为动画创建做准备，绘图时要注意安排图层次序，要循序渐进，多加练习。

2.1 矢量图形绘制

计算机中显示的图形一般可以分为两大类——矢量图和位图。矢量图使用直线和曲线来描述图形，这些图形的元素是点、线、矩形、多边形、圆和弧线等，它们都是通过数学公式计算获得的。它并不是由一个个点显示出来的，而是通过文件记录线及同颜色区域的信息，再由能够读出矢量图的软件把信息还原成图像的。例如，一幅花的矢量图形实际上是由线段形成外框轮廓，由外框的颜色以及外框所封闭的颜色决定花显示出的颜色。由于矢量图形可通过公式计算获得，所以矢量图形文件一般较小。矢量图形最大的优点是无论放大、缩小或旋转等均不会失真，不会产生“马赛克”；最大的缺点是难以表现色彩层次丰富的逼真图像效果。

矢量图像，又称面向对象的图像或绘图图像，在数学上定义为一系列由线连接的点。矢量文件中的图形元素称为对象。每个对象都是一个自成一体的实体，它具有颜色、形状、轮廓、大小和屏幕位置等属性。既然每个对象都是一个自成一体的实体，就可以在维持它原有清晰度和弯曲度的同时，多次移动和改变它的属性，而不会影响图中的其他对象。这些特征使基于矢量的程序特别适用于图例和三维建模，因为它们通常要求能创建和操作单个对象。基于矢量的绘图同分辨率无关。这意味着它们可以按最高分辨率显示到输出设备上。

位图图像（bitmap），亦称为点阵图像或绘制图像，是由称为像素（图片元素）的单个点组成的。这些点可以进行不同的排列和染色以构成图样。当放大位图时，可以看见构成整个图像的无数单个方块。扩大位图尺寸的效果是增大单个像素，从而使线条和形状显得参差不齐。然而，如果从稍远的位置观察，位图图像的颜色和形状又显得是连续的。

在 Flash 创建动画时，使用矢量图来绘制，有以下优点。

（1）文件小，图像中保存的是线条和图块的信息，所以矢量图形文件与分辨率和图像大小无关，只与图像的复杂程度有关，图像文件所占的存储空间较小。

（2）图像可以无级缩放，对图形进行缩放、旋转或变形操作时，图形不会产生锯齿效果。

（3）可采取高分辨率印刷，矢量图形文件可以在任何输出设备（打印机）上以打印或印刷的最高分辨率输出。

2.1.1　课前学习——绘制坐标轴及抛物线

我们将用线条工具绘制如图 2-1 所示的坐标轴及抛物线。

步骤一：在舞台中央绘制一条水平直线，使用“线条工具”，按住【Shift】键的同时，可以绘制水平直线，如图 2-2 所示。

请扫一扫获取
相关微课视频

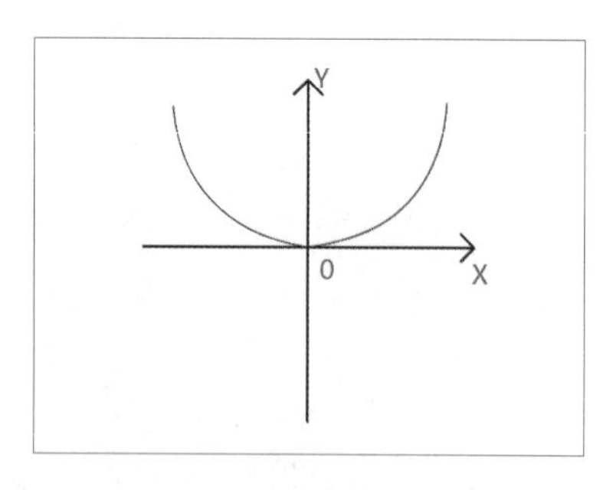

■ 图 2-1 绘制坐标轴及抛物线

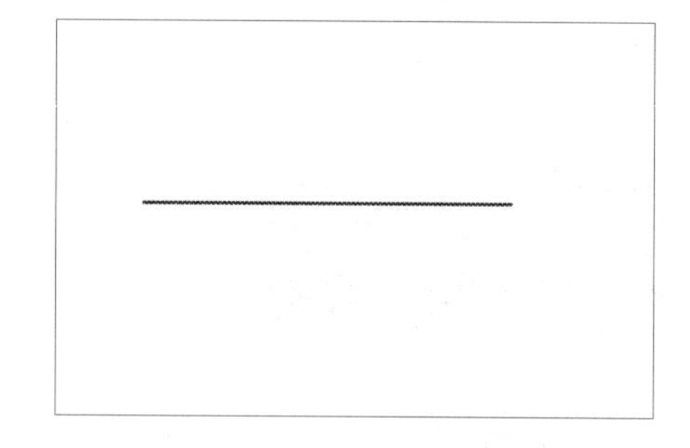

■ 图 2-2 绘制水平直线

步骤二：为了让水平直线位于舞台的正中央，借助“对齐”面板来自动对齐，如图 2-3 所示。使用“选择工具 (V)”，将直线选中，接下来打开“对齐”面板，将“相对于舞台”按钮选中，并单击“垂直中齐”和“水平中齐”两个按钮，如图 2-4 所示，直线相对于舞台，位于舞台的正中央。同理，再绘制一条垂直线条，用同样的方法使其相对于舞台居中对齐，如图 2-5 所示。

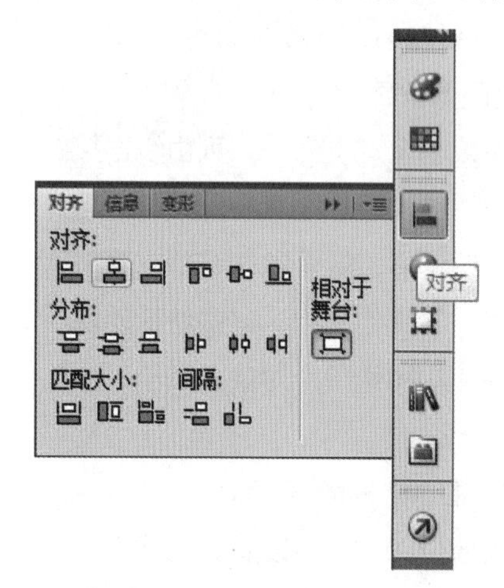

■ 图 2-3 “对齐”面板

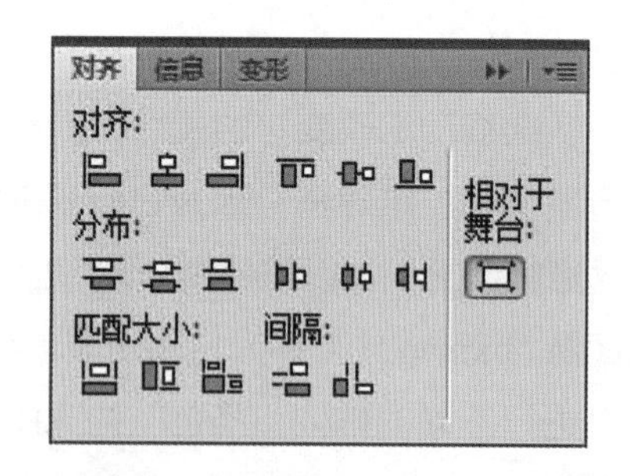

■ 图 2-4 相对于舞台居中对齐

步骤三：使用“线条工具”，按住【Shift】键的同时，绘制 45° 的斜线，如图 2-6 所示。

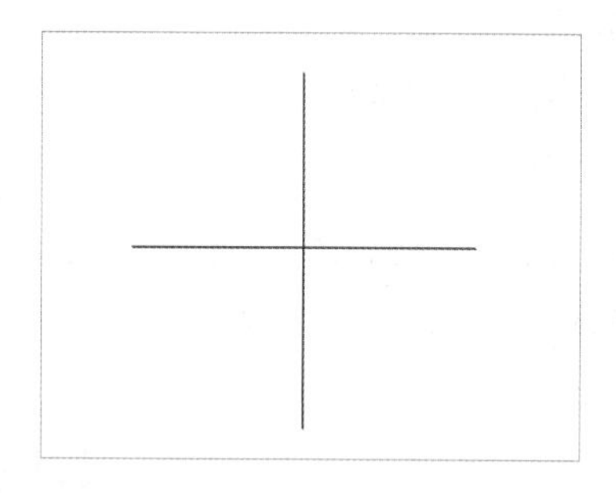

■ 图 2-5 绘制坐标轴

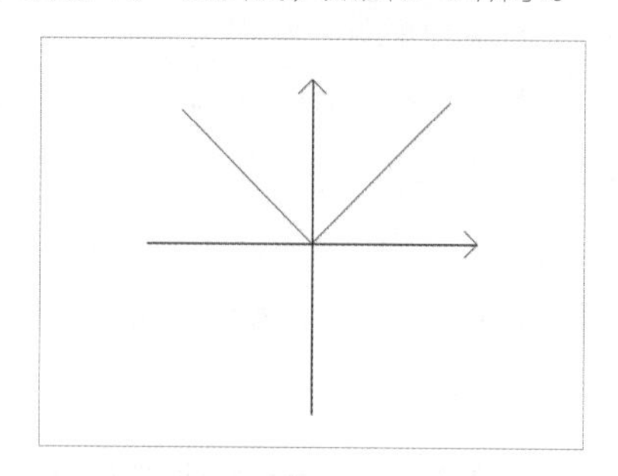

■ 图 2-6 绘制 45° 的直线

步骤四：若要将 45° 的斜线修改成抛物线形状，需要使用工具箱中的“选择工具 (V)”，将“选择工具”放置到斜线周边，光标形状变成弧状时，说明可以将直线修改为曲线。按住鼠标左键，并且往下方拖动，可以将直线改变为曲线，直到修改成所需要的造型，再释放鼠标，如图 2-7 所示，也可以多次修改，直到满意为止，抛物线绘制效果见图 2-8。

步骤五：使用“文本工具（T）”，加入坐标轴名称 *X*、*Y*、*O*，并将坐标轴的线条笔触调整为“2.00”，完成练习，如图 2-1 所示。

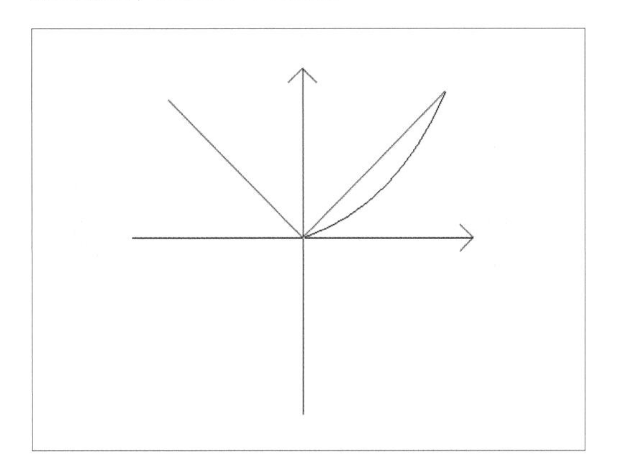

■ 图 2-7　使用“选择工具（V）”将直线变曲线

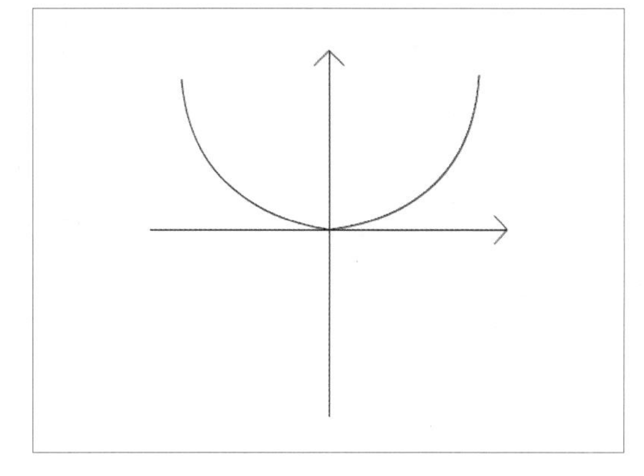

■ 图 2-8　抛物线的绘制

2.1.2　课堂学习——绘制毛笔

请扫一扫获取相关微课视频

绘制图形除了使用“线条工具”，还可以使用铅笔、刷子、颜料桶、墨水瓶等工具，让动画造型看起来更加色彩鲜艳，生动有趣。我们首先来学习绘制毛笔，效果见图 2-9。

步骤一：首先将“笔触颜色”调整为黑色，“填充颜色”调整为无色，这样才能绘制空心图案，如图 2-10 所示。

步骤二：用“矩形工具（R）”及“椭圆工具（O）”，绘制毛笔的笔杆，如图 2-11 所示。并用“选择工具（V）”将某些直线部分修改为曲线，把多余的线条删除。

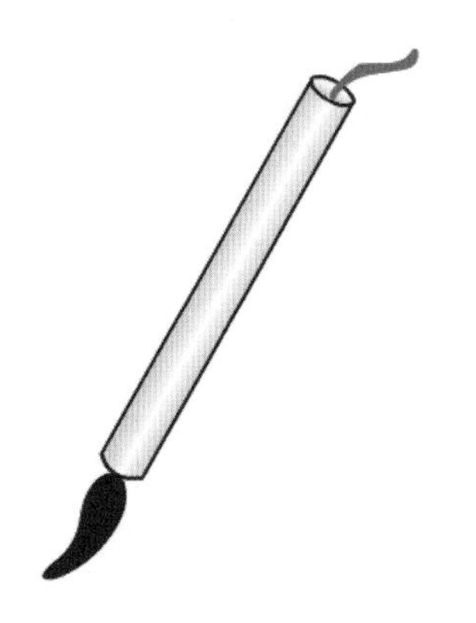

■ 图 2-9　绘制毛笔

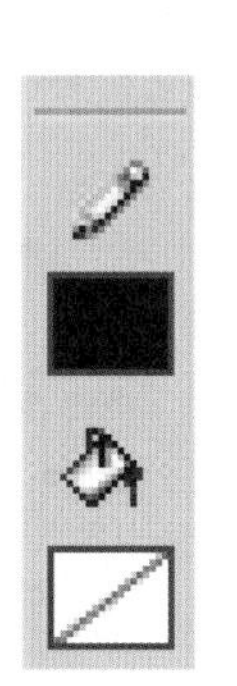

■ 图 2-10　调整“笔触颜色”及“填充颜色”

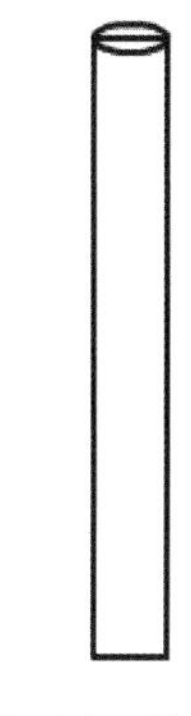

■ 图 2-11　绘制笔杆

步骤三：在笔杆的一侧空白部分，绘制毛笔的笔刷，首先将“笔触颜色”调整为无色，“填充颜色”调整为黑色，如图 2-12 所示。使用“椭圆工具（O）”绘制笔刷，如图 2-13 所示，并用“选择工具（V）”调整笔刷的形状，最终效果见图 2-14。

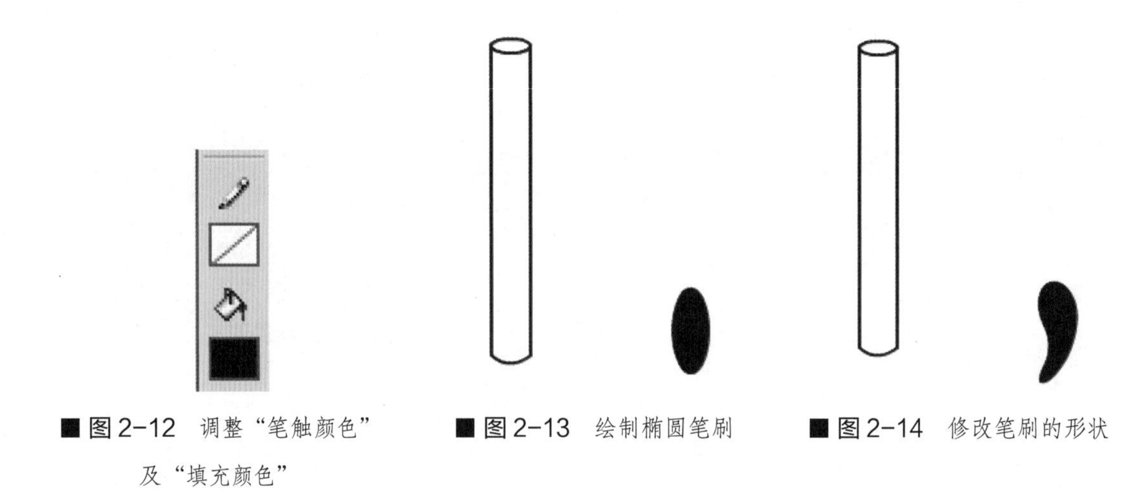

■ 图 2-12　调整“笔触颜色”及“填充颜色”　■ 图 2-13　绘制椭圆笔刷　■ 图 2-14　修改笔刷的形状

步骤四：使用“选择工具”单击笔刷可以看到很多小白点，如图 2-15 所示，说明笔刷图形是散件，为了更好地设置各个图形部件，需要将散件组合，选中笔刷图形，按【Ctrl+G】组合键将其组合成为图形，如图 2-16 所示。同样，将笔杆选中，按【Ctrl+G】组合键将其组合成为图形。

■ 图 2-15　散件　■ 图 2-16　组合图形

步骤五：将笔刷图形移动到笔杆下方，如图 2-17 所示，最后给笔杆填充颜色，使其看起来更加立体。填充颜色的方法为：打开“颜色”面板，在类型下拉列表中选择“线性”，在色带上单击，添加一个墨水瓶。色带上总共有三个墨水瓶，双击每个墨水瓶，选择颜色，三个墨水瓶的颜色分别为“黄 - 白 - 黄”，如图 2-18 所示，使用工具箱中的“颜料桶工具”，选中笔杆并单击，即给笔杆上色，这样就能调制出中间高光的立体圆柱效果，如图 2-19 所示。

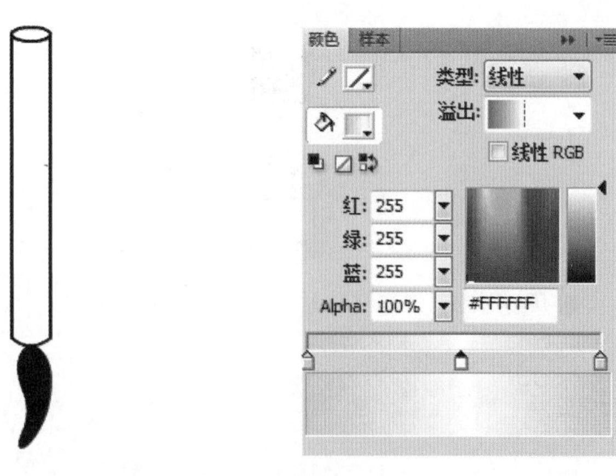

■ 图 2-17　将笔杆和笔刷组合　■ 图 2-18　线性渐变的调制方法

2.1.3　课堂学习——绘制酒杯

请扫一扫获取
相关微课视频

接下来，我们用所学的工具来绘制如图 2-19 所示的酒杯。

步骤一：绘制图 2-20 所示的两个椭圆，为了方便绘制，可以在绘制椭圆的同时按住【 Alt 】键，从圆心开始往四周画圆。

步骤二：使用“矩形工具(R)”和“椭圆工具(O)”绘制酒杯的杯脚部分，如图 2-21 所示。使用“选择工具(V)”选中多余的线条，按住【 Delect 】键删除，如图 2-22 所示。

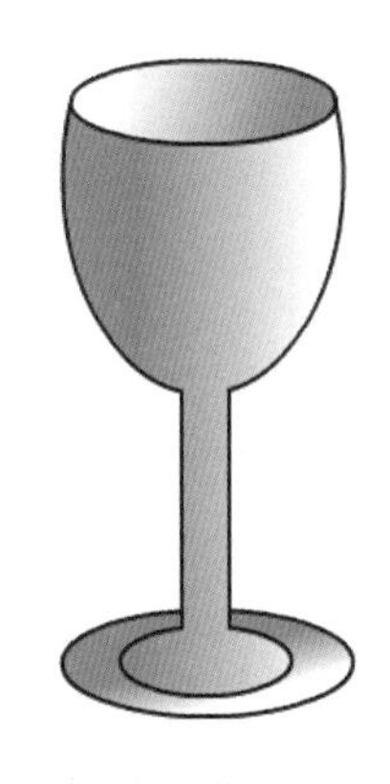

■ 图 2-19　绘制酒杯

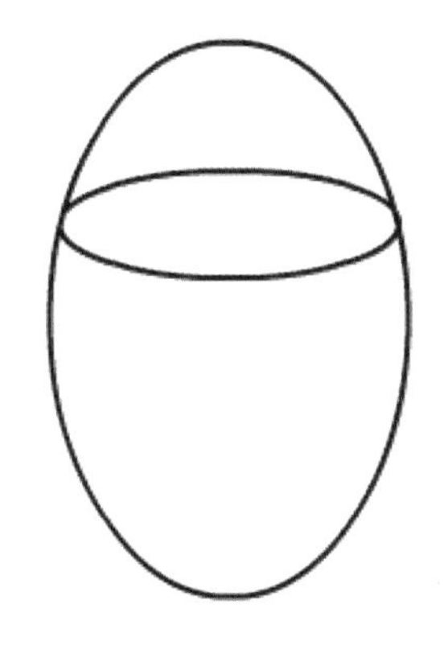

■ 图 2-20　绘制两个椭圆

步骤三：为酒杯填充颜色，打开“颜色”面板，在“类型”下拉列表中选择“线性”，色带上两个墨水瓶的颜色分别设置为“蓝 - 白”，如图 2-23 所示。使用工具箱当中的“颜料桶工具”，以画线的方式，将渐变颜色按照线条方向进行填充，最终效果见图 2-19。

■ 图 2-21　绘制其他部分

■ 图 2-22　删除多余线条

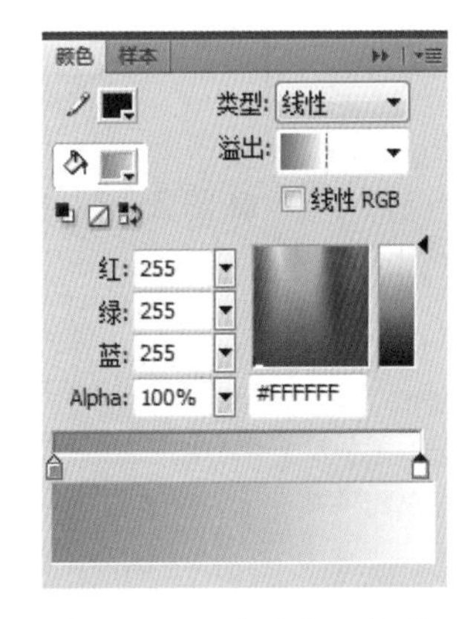

■ 图 2-23　“颜色”面板的设置

2.1.4　课堂练习——绘制灯笼

请扫一扫获取
相关微课视频

通过两个实例，让大家了解了 Flash 的基本图形绘制，接下来，请大家完成以下任务，绘制图 2-24 所示的灯笼。

■ 图 2-24　灯笼图形

步骤一：选中椭圆工具并按住【Shift】键绘制一个圆，并在“对齐”面板中设置圆相对于舞台居中，在圆外再绘制一条垂直直线，如图 2-25 所示。将直线也设置为相对于舞台居中，如图 2-26 所示。

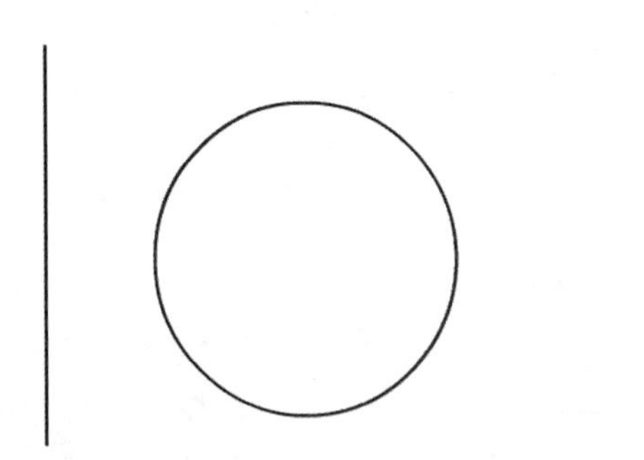

■ 图 2-25　绘制圆与直线

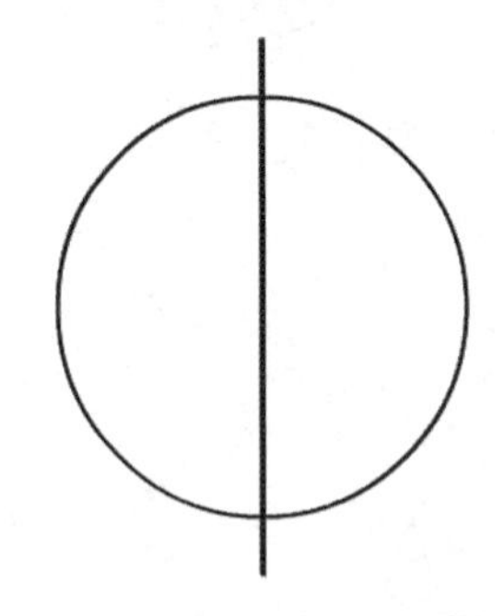

■ 图 2-26　将圆与直线相对于舞台居中

步骤二：选中圆中的直线，右击后选择“复制”命令，再右击后，选择“粘贴”命令，将复制的直线移动到圆外，使用“选择工具(V)”，将直线调整为曲线，如图 2-27 所示，再将曲线放回至圆中。

步骤三：用同样的方法，绘制第二条曲线，将两条绘制好的曲线选中，执行“复制”和“粘贴”操作，使用工具箱中的“任意变形工具(Q)”，将复制的两条曲线镜像变形，如图 2-28 所示。将曲线移动至合适位置，如图 2-29 所示。

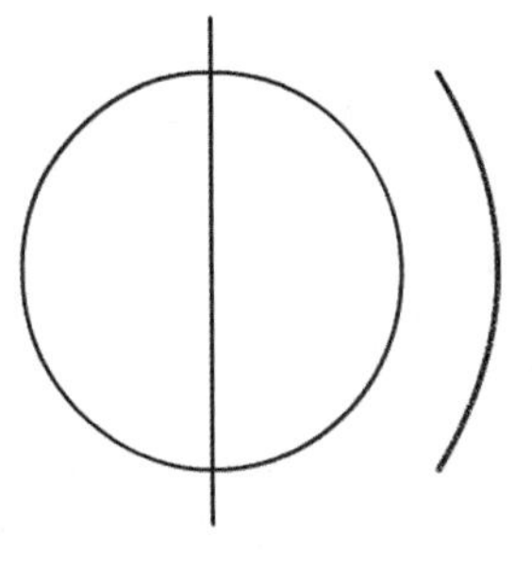

■ 图 2-27　绘制曲线

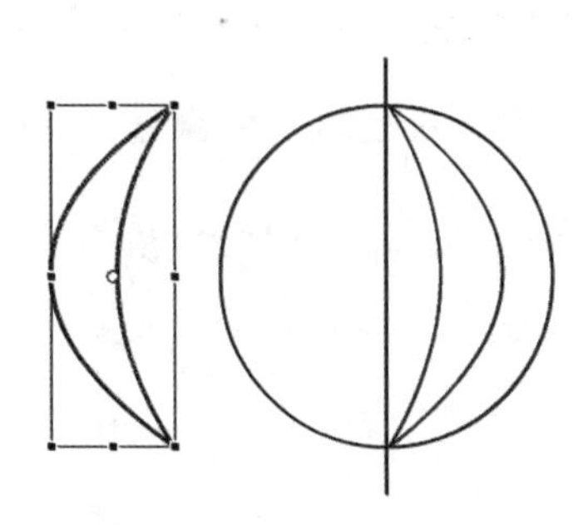

■ 图 2-28　镜像曲线变形

步骤四：使用矩形工具和线条工具，绘制灯笼的其他部件，并将多余的线条删除，如图 2-30 所示。

步骤五：使用放射渐变填充灯笼，填充方法为：打开“颜色”面板，将类型选择为“放射状”，两个墨水瓶的颜色分别设置为“白 - 红”，最终效果见图 2-24。

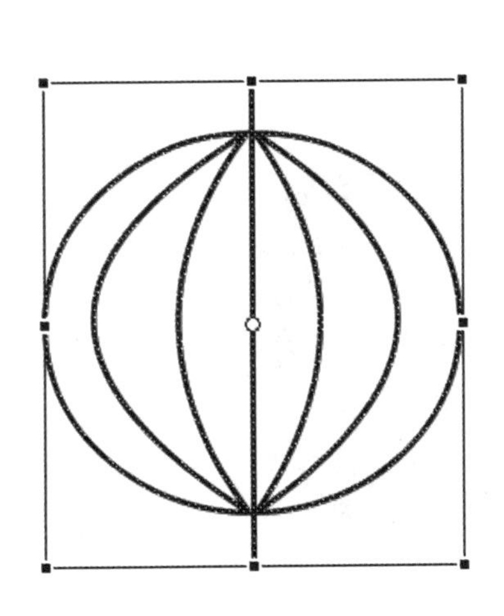

■ 图 2-29　曲线绘制完成

■ 图 2-30　灯笼形状完成

2.2 散件及组合

在 Flash 中绘制矢量图，必须学习一个重要的知识点，即散件和组合的区别。当绘制两个椭圆，它们结合到一起成为新的图形，用鼠标单击图形，发现图形上有许多的小白点，如图 2-31 所示，则说明这个图形是散件，散件会发生镂空、贴合等现象，如图 2-32 所示。有时为了方便各个元素间的编辑，需要将散件进行组合，如图 2-33 所示。

■ 图 2-31　散件结合图

■ 图 2-32　散件镂空

为了避免散件间发生镂空，可以暂时将散件组合起来，如图 2-33 所示。将散件组合，使用【Ctrl+G】组合键，取消组合时使用【Ctrl+Shift+G】组合键，在组合中编辑某个对象则双击组合。组合的对象是不会被放到库中的。先组合的对象是放最下层的。最后组合的图形是放在最上层的。可以通过右击，选择“排列”命令，调整各个组合图形的图层次序关系，如图 2-34 所示。

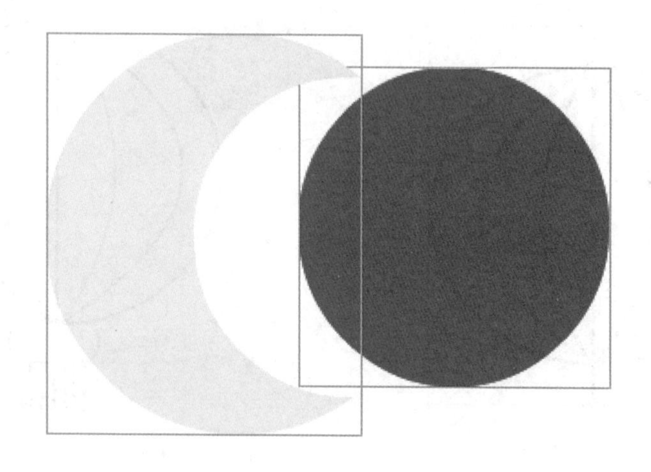

■ 图 2-33　组合散件

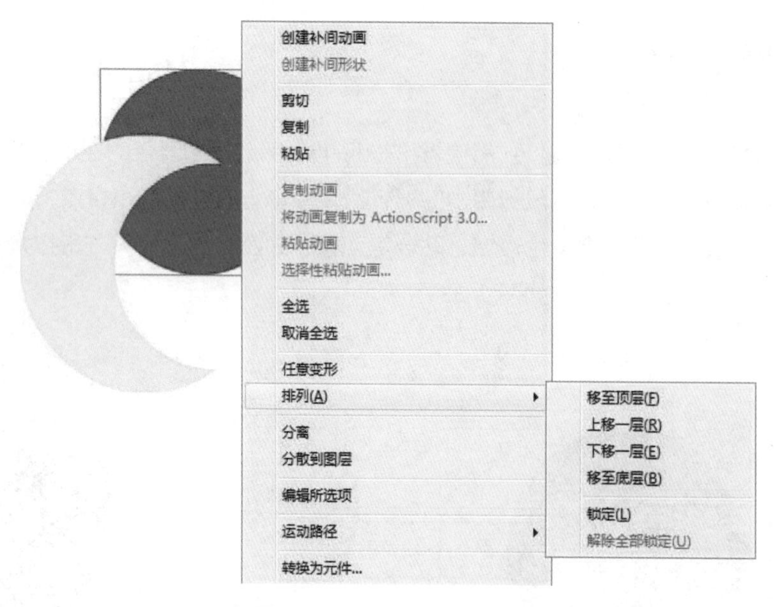

■ 图 2-34　调整组合排列顺序

取消组合也可以用“分离”命令，使用【Ctrl+B】组合键，可以将图形或组合打散，这里要注意的是，对于文字要用两次打散命令，第一次打散，是将多个文字打散成为单个文字，如图 2-35 所示；第二次打散，是将单个文字分离为散件，如图 2-36 所示。

■ 图 2-35　执行第一次打散命令

WELCOME

■ 图 2-36　执行第二次打散命令

2.2.1　课前学习——绘制立体图形

请扫一扫获取相关微课视频

为了灵活运用散件和组合创建动画图形，首先学习简单的立体图形绘制，如图 2-37 所示，在绘制的过程中，学习两者的区别。

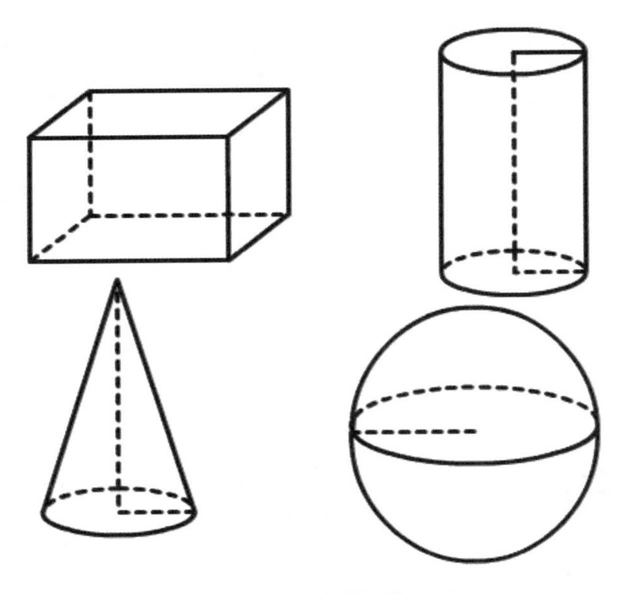

■ 图 2-37　绘制立体图形

首先，绘制长方体图形

步骤一：用“矩形工具 (R)”绘制一个长方形，选中长方形并右击，执行“复制”和“粘贴”操作，并将第二个长方形放置在第一个长方形的右后方，如图 2-38 所示，需要注意的是，粘贴第二个长方形之后，不要取消选择，要在选中状态下移动，确定位置无误后，再取消选择，否则图案会被镂空。

步骤二：将其余的边，用“线条工具 (N)”连接起来，“线条工具 (N)”具有捕捉顶点的功能，可以将两个顶点连接，如图 2-39 所示。

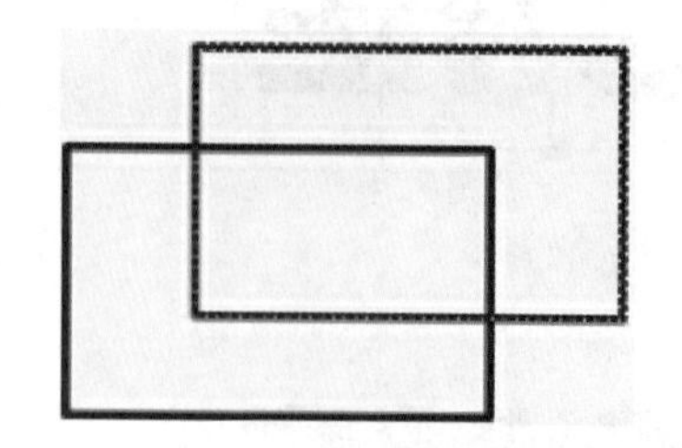

■ 图 2-38　复制长方形

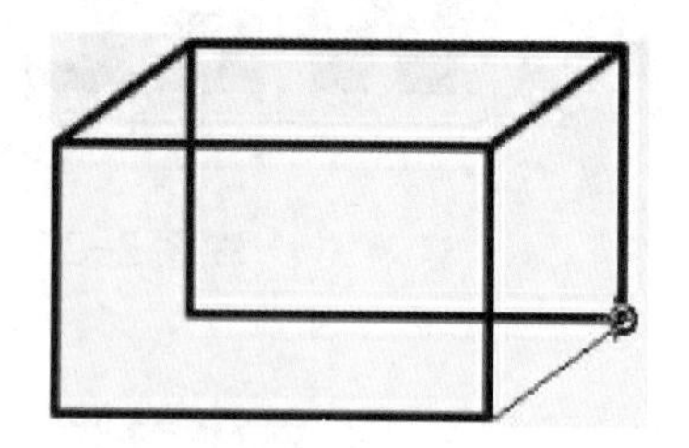

■ 图 2-39　连接其余线条

步骤三：将看不到的边设置为虚线，由于绘制的图形是散件，线条被分割成为几部分，使用【Shift】键来连续选择多条线条，选择完成后，在“属性”面板的“填充和笔触”→“样式”下拉列表中选择“虚线”，如图 2-40 所示。长方体绘制完成，最终效果见图 2-41。

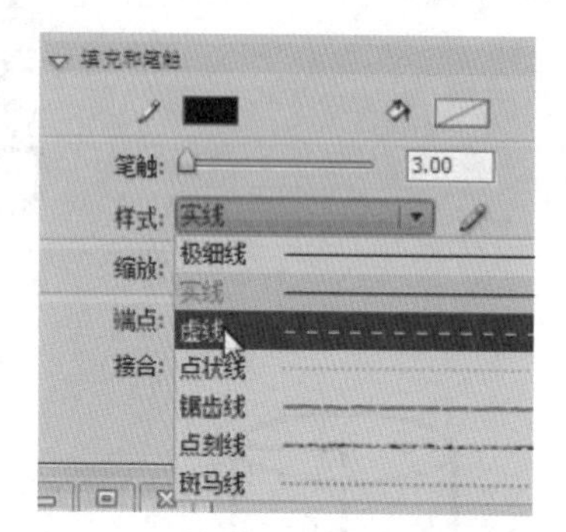

■ 图 2-40　将线条样式设置为虚线

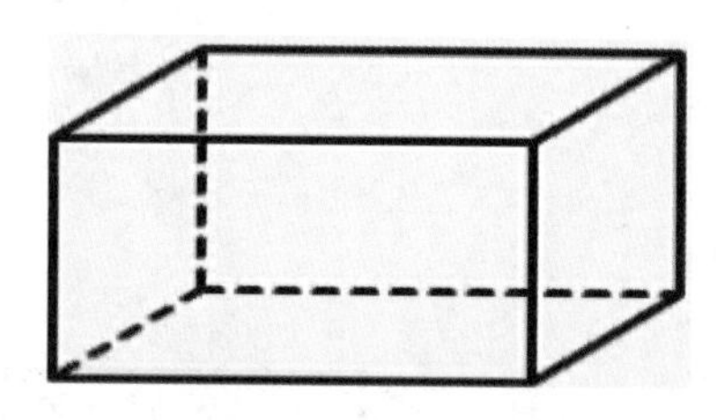

■ 图 2-41　长方体

接下来，绘制圆柱体，在绘制之前，分析圆柱体的构成，它由一个矩形和两个椭圆构成。

步骤一：绘制一个矩形，以及一个椭圆，为了让椭圆与矩形更好地接合，使用【Alt】键，从圆心开始画圆。绘制好一个椭圆之后，复制另一个椭圆，放置在底部，如图 2-42 所示。

步骤二：绘制圆柱体的高，并将多余线条选中后删除，如图 2-43 所示。

步骤三：将应该看不到的线条设置为虚线，由于绘制出来的图形是散件，为了让所有的线条都组合在一起，便于移动，用框选的方式将整个圆柱体选中，使用【Ctrl+G】组合键将圆柱体组合，成为一个整体，最终效果见图 2-44。

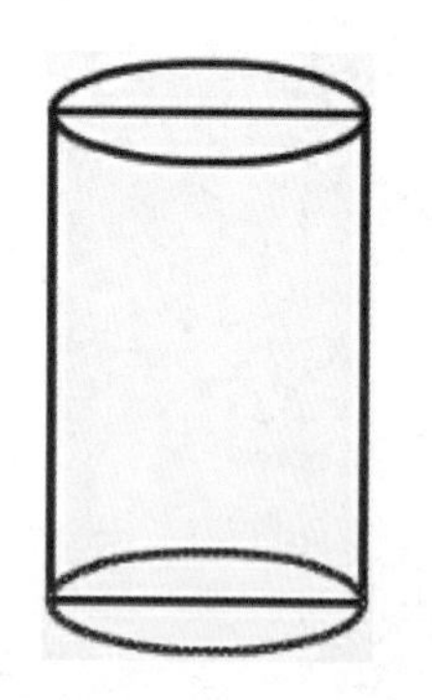

■ 图 2-42　绘制矩形及椭圆

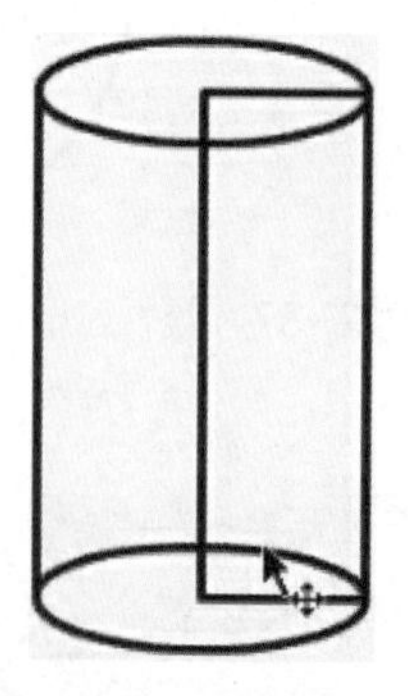

■ 图 2-43　删除多余线条

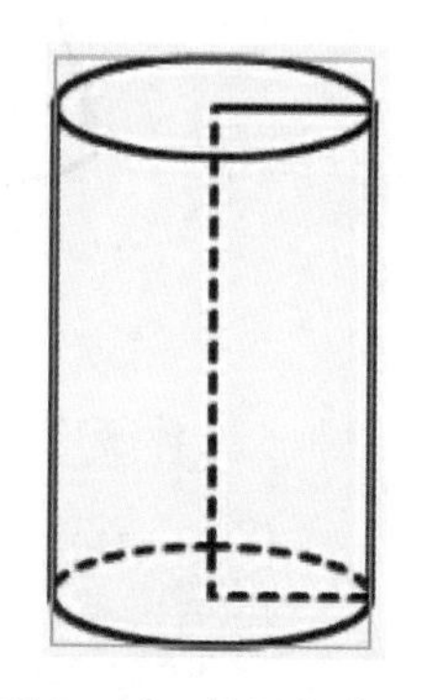

■ 图 2-44　将圆柱体组合

圆锥体的绘制与圆柱体的绘制方法非常相近，可以复制一个圆柱体，将圆柱体修改为圆锥体，这是提高制作效率的方法。圆锥体和球体的绘制同学们自行研究，这里不再赘述。

2.2.2　课堂学习——绘制立体文字

请扫一扫获取相关微课视频

使用【Ctrl+B】组合键，可以将图形或组合打散，对于文字的打散，要用两次打散命令，第一次打散，是将多个文字打散成为单个文字，第二次打散，是将单个文字分离为散件。这里，我们学习将文字转换为散件进行编辑，制作立体文字，如图 2-45 所示。

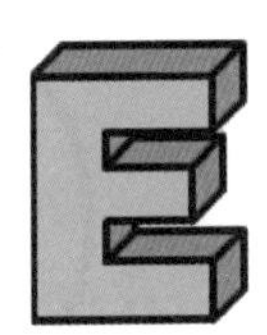

■ 图 2-45　绘制立体文字

步骤一：使用“文本工具 (T)”输入文字“EXO”，并在“属性”面板中，设置字体。在字符栏中，选择“系列”，在下拉菜单中，选择“Franklin Gothic Heavy”字体，该字体棱角分明，比较适合制作立体文字，如图 2-46 所示。使用【Ctrl+B】组合键将文本打散，使用第一次，将文本打散成为单个文字，如图 2-47 所示，第二次使用【Ctrl+B】组合键将单个文字打散成为散件，如图 2-48 所示。

■ 图 2-46　输入文字

■ 图 2-47　打散成单个文字

■ 图 2-48　打散成散件

步骤二：使用“选择工具 (V)”，调整文字的位置，调整文字的间距，便于制作立体文字，并使用工具箱中的“任意变形工具 (Q)”，将图形放大，如图 2-49 所示。

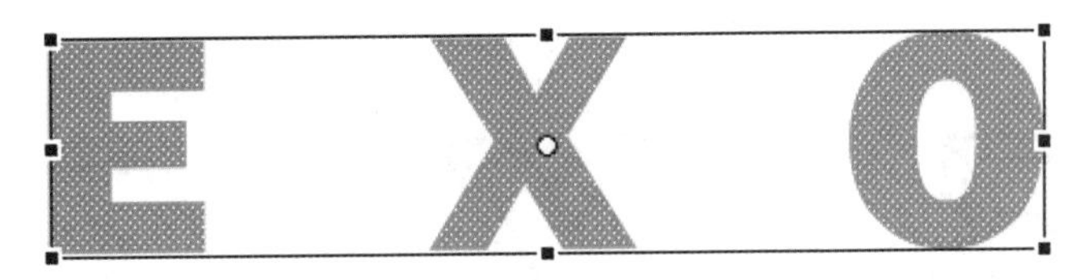

■ 图 2-49　调整图形大小和间距

步骤三：为每个字母描边，首先调整笔触颜色为黑色，再选中工具箱中的“墨水瓶工具”，如图 2-50 所示，在每个字母上单击，即可为字母描边，如图 2-51 所示。这里需要注意的是，墨水瓶工具给边界上色，颜料桶工具则给填充区域上色，这是墨水瓶工具和颜料桶工具的区别。

■ 图 2-50　使用“墨水瓶工具”描边

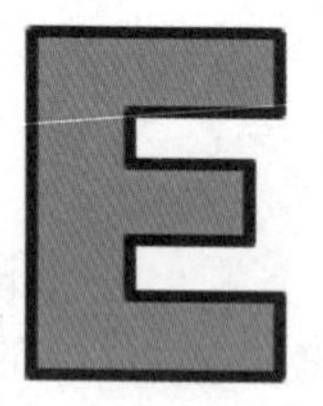

■ 图 2-51　描边后的效果

步骤四：描边完成后，删除填充色。使用“选择工具 (V)“，单击填充色部分，按【Delete】键删除填充色，如图 2-52 所示。

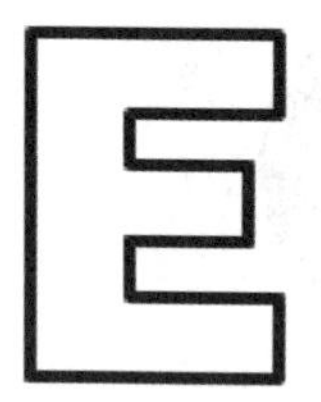

■ 图 2-52　删除填充色

步骤五：制作立体投影部分，以字母 E 为例，将字母 E 的线条部分选中，执行“复制”和“粘贴”操作，得出另一个字母 E，将第二个字母 E 放置在第一个字母 E 的右后方，如图 2-53 所示。接下来，用“线条工具 (N)”将两个字母间的空隙连接，如图 2-54 所示。最后，用“选择工具 (V)”选中多余的线条，按住【Delete】键删除，最终效果见图 2-55。使用同样的方法制作 X 和 O 的立体投影部分，三个字母的立体效果如图 2-56 所示。

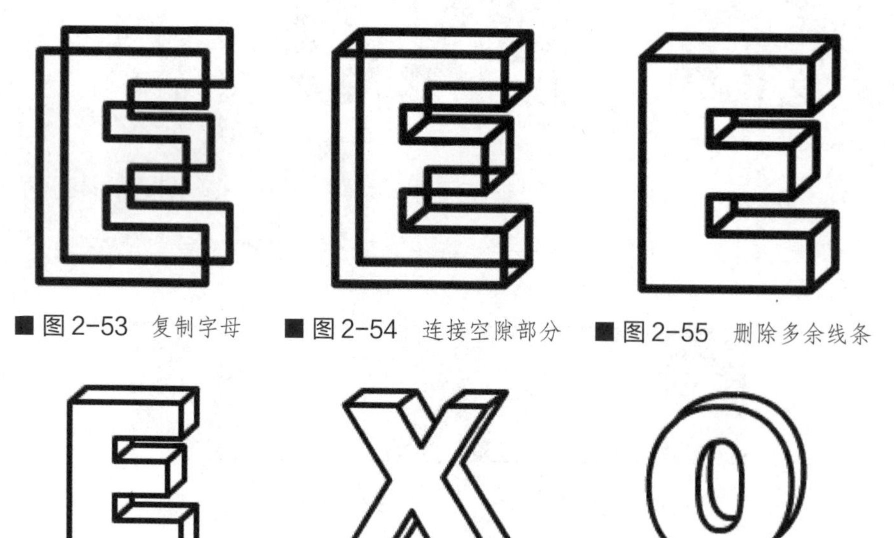

■ 图 2-53　复制字母　■ 图 2-54　连接空隙部分　■ 图 2-55　删除多余线条

■ 图 2-56　三个字母的立体投影效果

步骤六：使用“颜料桶工具”为字母的高光面填充颜色，选择嫩绿色填充，如图 2-57 所示。再选择墨绿色为字母的暗面部分进行填充，最终效果如图 2-58 所示。

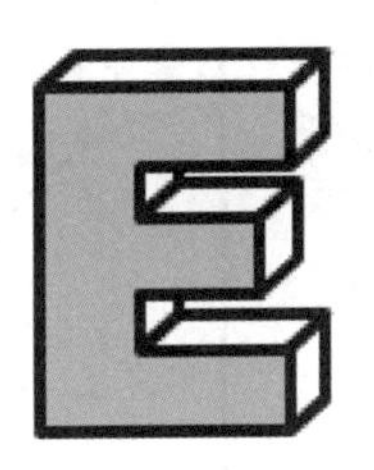

■ 图 2-57　为字母高光面填充颜色

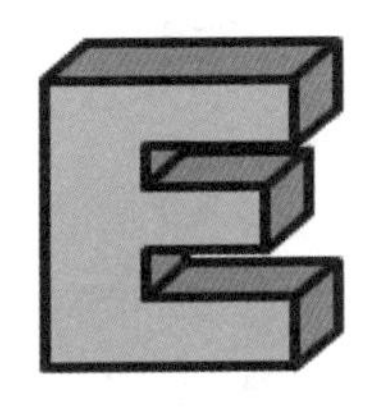

■ 图 2-58　为字母暗面填充颜色

大家掌握了绘制方法后，可以进行扩展，尝试使用别的英文字母，或者中文文字来制作立体文字。

2.2.3　课堂练习——绘制表盘

请扫一扫获取相关微课视频

通过以上实例的学习，相信同学们已经对 Flash 的基本图形绘制有了一些了解，接下来，请用已经掌握的绘制方法，绘制如图 2-59 所示的时钟图形。

首先，分析时钟图形的图案构成，外轮廓为圆，刻度由线条工具绘制，分针和时针由笔触不同的线条绘制，数字由文本工具创建。我们知道，时钟有 12 个刻度，一共 360°，则两个刻度之间为 30°，如何绘制精准的刻度，是本任务的难点。

■ 图 2-59　时钟图形

步骤一：使用“椭圆工具”，按住【shift】键，绘制一个圆，打开“对齐”面板，使圆相对于舞台居中对齐。并在圆的左边绘制一条比直径更长的垂直直线，如图 2-60 所示。打开“对齐”面板，使直线相对于舞台居中对齐，如图 2-61 所示。

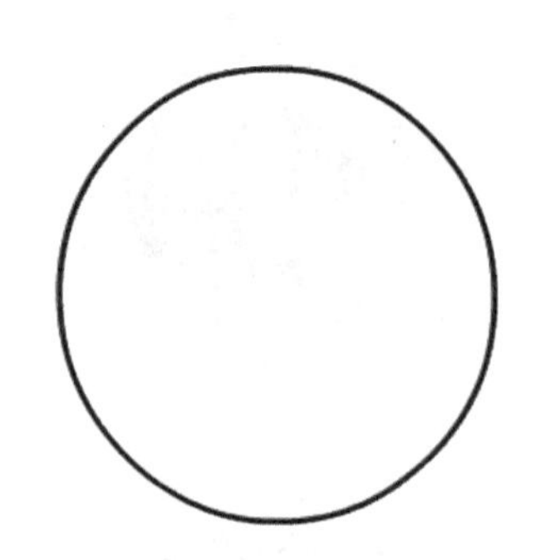

■ 图 2-60　绘制正圆形和直线

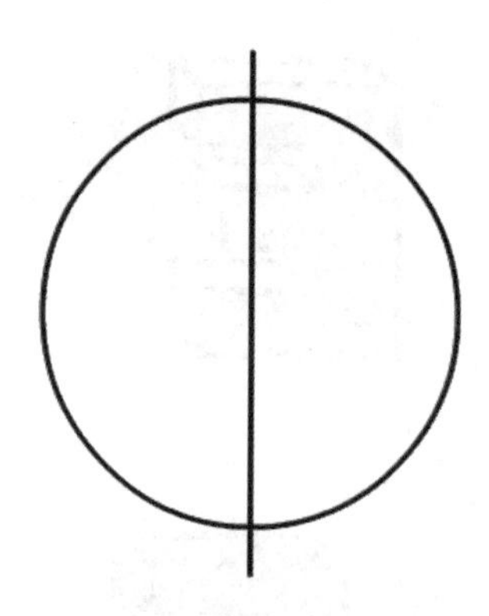

■ 图 2-61　正圆形和直线相对于舞台居中对齐

步骤二：选中直线，打开“变形”面板，在面板上选择“旋转”单选按钮，并将数值输入为“30”，如图 2-62 所示。然后多次单击面板右下角的“重制选区和变形”按钮，每单击一次，直线就以 30° 的角度复制，最终效果见图 2-63。

步骤三：把光标定位在圆心位置，按【Alt+Shift】组合键，从圆心开始绘制圆，新绘制的圆半径比外轮廓的圆稍小，如图 2-64 所示。接下来，选中多余的线条，将其删除，最终效果见图 2-65。

步骤四：使用“线条工具”在表盘上绘制时针和分针，并使用“文本工具”，输入数字，最终效果见图 2-59。

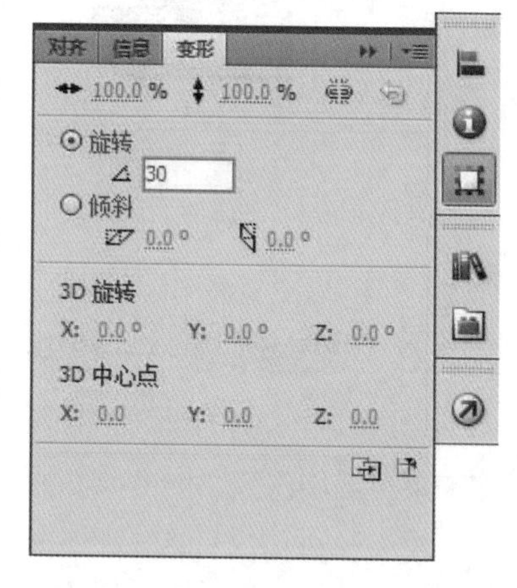

■ 图 2-62　设置“变形”面板

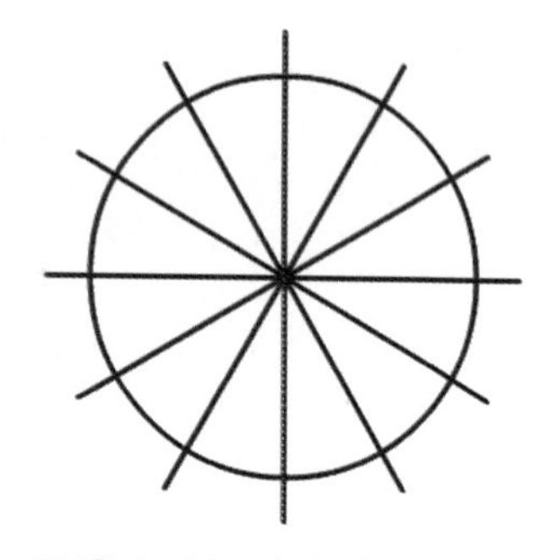

■ 图 2-63　复制并旋转直线

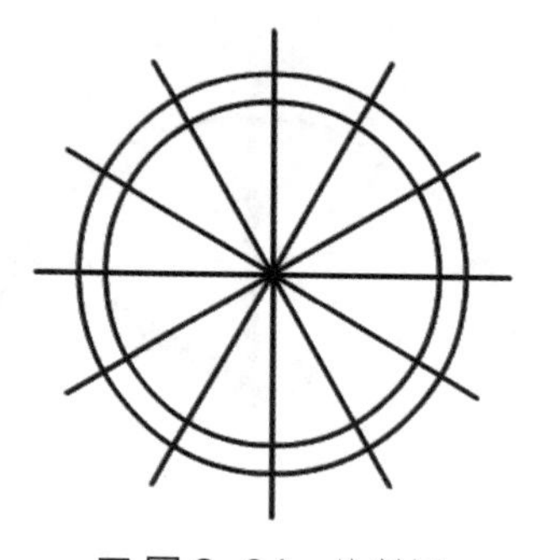

■ 图 2-64　绘制圆

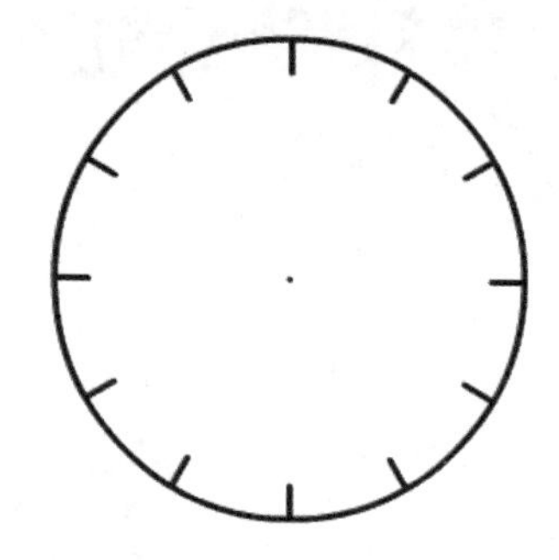

■ 图 2-65　删除多余线条

本章小结

本章介绍了图层的概念，矢量图和位图的区别，通过几个实例的操作，让大家对 Flash 基本图形的绘制有了一定的了解。通过绘制坐标轴的练习，学习了水平直线、垂直直线以及 45° 直线的绘制方法。通过绘制毛笔的练习，学习如何使用“选择工具”对图形进行变形，以及渐变色的调色和图形区域的填充方法。通过绘制立体文字的练习，学习如何将文字分离为图形。通过绘制时钟的练习，学习如何将对象进行角度旋转。只有掌握了基本图形的绘制，才能更好地进行动画创作。

课后检测

一、单项选择题

1. 修改图形中心点位置应该使用（　　）。

A. 任意变形工具　　B. 钢笔工具　　C. 渐变变形工具　　D. 线条工具

2. 快捷键（　　）可将对象粘贴到当前位置。

A. Ctrl+V　　B. Ctrl+Shift+V

C. Ctrl+C　　D. Ctrl+Shift+C

3. 在 Flash 中要绘制精确路径可使用（　　）。

A. 铅笔工具　　B. 钢笔工具　　C. 刷子工具　　D. 以上都是

4. 在 Flash 中选择“滴管工具”，当单击填充区域时，该工具将自动变为（　　）工具。

A. 墨水瓶　　B. 颜料桶　　C. 刷子　　D. 钢笔

5. 将一个字符串填充不同颜色，可先将字符串（　　）。

A. 分离　　B. 组合　　C. 转化为元件　　D. 转化为按钮

6. 要实现某个对象旋转 37° 的精确操作，可以（　　）面板。

A. “属性”　　B. “动作”　　C. “对齐”　　D. “变形”

二、填空题

1. Flash 的图形系统是基于________的，只需存储少量的________数据就可以描述一个看起来相当复杂的对象。

2. “橡皮擦工具”包含 5 种擦除状态，分别是________、________、________、________和________。

3. 在 Flash CS5 中绘制图形时，可以采用________绘制模式和________绘制模式。

4. Flash CS5 提供了两种色彩模式，分别为________色彩模式和________色彩模式。

三、小组合作题

请小组讨论图 2-66 所示的一把彩虹雨伞，由哪些图形构成，如何进行绘制。通过合作，将雨伞图案绘制出来，要求图案相近，并填充线性渐变色。

■ 图 2-66　彩虹雨伞

基本动画制作——逐帧动画

课前学习任务单

学习主题：制作逐帧动画

达成目标：掌握插入帧、插入关键帧和插入空白关键帧

学习方法建议：在课前观看微课视频学习，并尝试制作一个逐帧动画

课堂学习任务单

学习任务：制作倒计时动画、打字机效果动画、翻转帧写字动画

重点难点：熟练掌握添加帧的操作，以及“绘图纸外观”工具、“编辑多个帧”工具的使用

学习测试：制作飞翔的大雁逐帧动画

3.1 帧和图层的基本概念

1. 帧的基本概念

帧是 Flash 动画的基本编辑单位，动画实际上是通过帧的变化产生。用户可以在各帧中对舞台上的对象进行修改、设置，制作各种动画效果。在 Flash 当中，可以通过时间轴面板进行动画的控制。时间轴面板是 Flash 用于管理不同动画元素、不同动画和动画元素叠放次序的工具。

Flash 中最小的时间单位是帧。根据帧的作用可以分为关键帧、空白关键帧、属性关键帧、补间帧（包括动画补间、形状补间和传统动画补间）和静态帧，如图 3-1 所示。关键帧是一个非常重要的概念，只有在关键帧中，才可以加入 AS 脚本命令、调整动画元素的属性，而普通帧和过渡帧则不可以。普通帧只能将关键帧的状态进行延续，一般是用来将元素保持在场景中。而补间帧是将前后的两个关键帧进行计算得到的，它所包含的元素属性的变化是计算得来的。

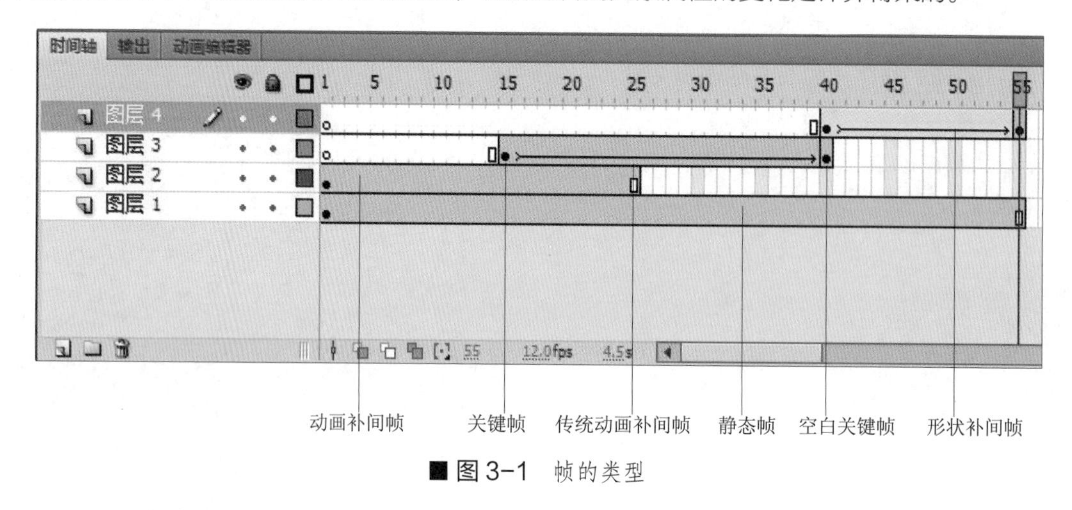

■ 图 3-1 帧的类型

2. 图层的基本概念

图层是所有图形图像软件当中必须具备的内容，是用来合成和控制元素叠放次序的工具。图层根据使用功能的不同分为 3 种基本类型。

（1）普通层：通常制作动画、安排元素所使用的图层，和 Photoshop 中层的概念和功能类似。

（2）遮罩层：只用遮罩层的可显示区域来显示被遮罩层的内容，与 Photoshop 中的遮罩类似。

（3）运动引导层：运动引导层包含的是一条路径，运动引导线所引导的层的运动过渡动画将会按照这条路径进行运动。

3.2 逐帧动画

逐帧动画是一种常见的动画形式，它的原理是在连续的关键帧中分解动画动作，也就是每一帧中的内容不同，连续播放而成动画。

由于逐帧动画的帧内容不一样，不仅增加制作负担而且最终输出的文件也很大，但它的优势也很明显：因为它与电影播放模式相似，所以很适合于表现很细腻的动画，如 3D 效果、人物或动物急剧转身等效果。

1. 逐帧动画的概念和在时间帧上的表现形式

在时间帧上逐帧绘制帧内容称为逐帧动画，由于是一帧一帧地画，所以逐帧动画具有非常大的灵活性，几乎可以表现任何想表现的内容。

逐帧动画在时间轴上表现为连续出现的关键帧，如图 3-2 所示。

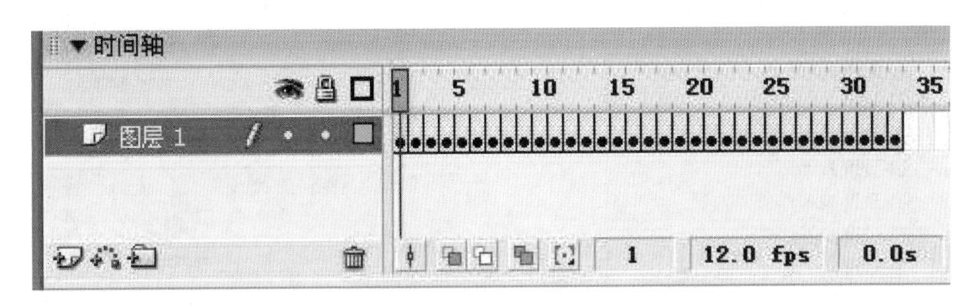

■ 图 3-2　逐帧动画

2. 创建逐帧动画的方法

（1）用导入的静态图片建立逐帧动画

将 jpg、png 等格式的静态图片连续导入到 Flash 中，就会建立一段逐帧动画（参考实例：盛开的玫瑰）。

（2）绘制矢量逐帧动画

用鼠标或压感笔在场景中一帧帧地画出帧内容（参考实例：飞翔的天鹅）。

（3）文字逐帧动画

用文字作为帧中的元件，实现文字跳跃、旋转等特效（参考实例：翻转帧写字）。

（4）指令逐帧动画

在时间轴面板上，逐帧写入动作脚本语句来完成元件的变化。

（5）导入序列图像

可以导入 gif 序列图像、swf 动画文件或者利用第三方软件（如 swish、swift 3D 等）产生动画序列。

3.2.1 课前学习——制作盛开的玫瑰动画

逐帧动画适合演绎细腻的动画，可以用于制作慢慢盛开的玫瑰动画。

请扫一扫获取
相关微课视频

步骤一：把素材中的 11 张玫瑰图片素材导入到库中，如图 3-3 所示。

步骤二：右击时间轴上的第一帧，选择“插入空白关键帧”命令，或者按【F7】键插入空白关键帧，如图 3-4 所示。把“玫瑰 1.png”图片拖动到舞台中央。接着右击第二帧，选择“插入空白关键帧”命令，或者按下【F7】键插入空白关键帧，把“玫瑰 2.png”也拖动到舞台中央。

步骤三：为了使第二朵玫瑰花与第一朵相重合，需要使用时间轴上的绘图纸辅助工具，单击“编辑多个帧”按钮，如图 3-5 所示。

■ 图 3-3 导入玫瑰图片素材

■ 图 3-4 插入空白关键帧

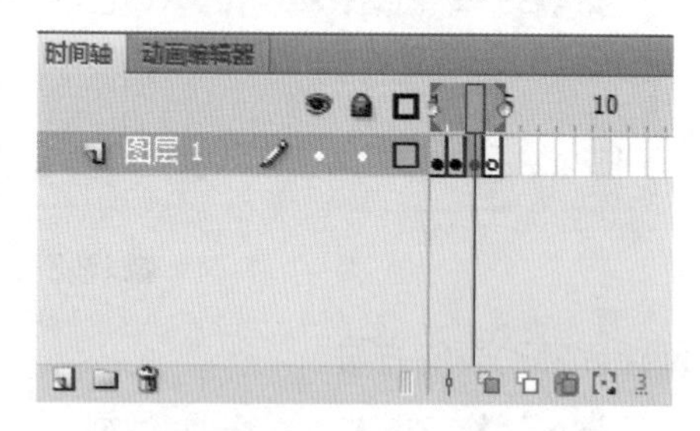

■ 图 3-5 编辑多个帧

这样，之前的所有帧上的图形内容，通过移动操作，新的帧上的玫瑰花图片与前一帧上的图片重合，如图 3-6 所示。

步骤四：使用同样的方法，将其他图片逐帧拖动到舞台，并使用“编辑多个帧”按钮将所有图片重合，最后，玫瑰花盛开的效果见图 3-7。

■ 图 3-6 两个帧上内容重合

■ 图 3-7 玫瑰花盛开序列效果

3.2.2　课堂学习——制作倒计时动画

请扫一扫获取
相关微课视频

制作倒计时动画，可以使用逐帧的方法，一个帧插入一个数字，最后播放影片，数字按照帧序列逐帧播放。

步骤一：使用“文本工具（T）”，在舞台上输入文字“5”，如图 3-8 所示。接下来，在时间轴上依次插入“空白关键帧”，如图 3-9 所示。分别输入文字“4”“3”“2”“1”，如图 3-10 所示。

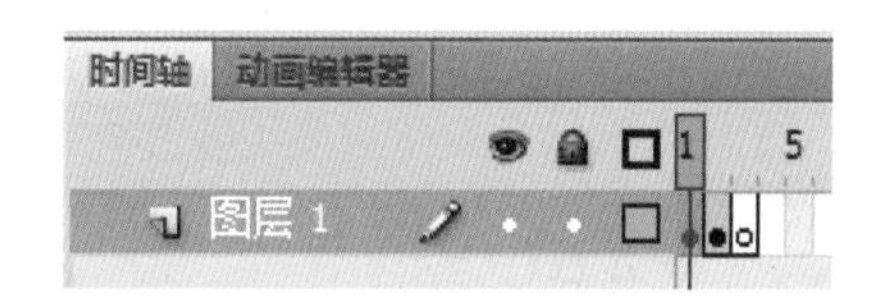

■ 图 3-8　输入文字　　■ 图 3-9　插入空白关键帧

■ 图 3-10　依次输入数字

步骤二：将各个帧的数字进行对齐，可以使用“编辑多个帧”按钮，通过移动操作，可以让新的帧上的数字与前一帧上的数字重合，如图 3-11 所示。

步骤三：通过菜单栏上的“控制”|“测试影片”命令，或者按【Ctrl+Enter】组合键，测试影片，观看效果。

问题：还有其他的制作方法吗？请大家想一想。

方法：使用插入关键帧的方法制作倒计时动画。

■ 图 3-11　将多个帧上的图形重合

步骤一：使用“文本工具（T）”，在舞台上输入文字“5”，如图 3-8 所示。接下来，在时间轴上依次右击，选择“插入关键帧”命令，插入其余 4 个关键帧。

步骤二：这样，5 个关键帧上都输入了文字“5”，并且是相互重合的。接下来，依次将关键帧上的数字，修改成“4”“3”“2”“1”。

步骤三：通过菜单栏上的“控制”|“测试影片”命令，或者按【Ctrl+Enter】组合键，测试影片，观看效果。

3.2.3　课堂学习——制作打字机效果动画

本案例通过逐帧动画技术，制作打字机逐个打字的效果动画。

请扫一扫获取
相关微课视频

步骤一：选择“文本工具（T）”，在舞台上输入下画线“_”，通过菜单栏的“修改”|“转换为元件”命令将其转换为图形元件，命名为“下画线”，如图 3-12 所示。

■ 图 3-12 “转换为元件”对话框

步骤二：为了制作下画线的闪烁效果，在第 3 帧和第 5 帧的位置，插入关键帧，如图 3-13 所示。在第 2 帧、第 4 帧、第 6 帧的位置插入空白关键帧，如图 3-14 所示。

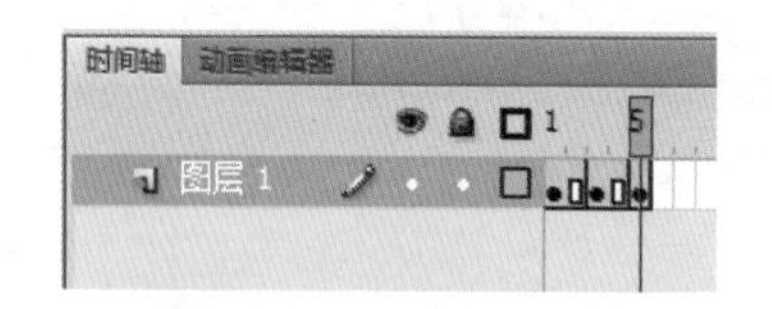

■ 图 3-13 插入关键帧

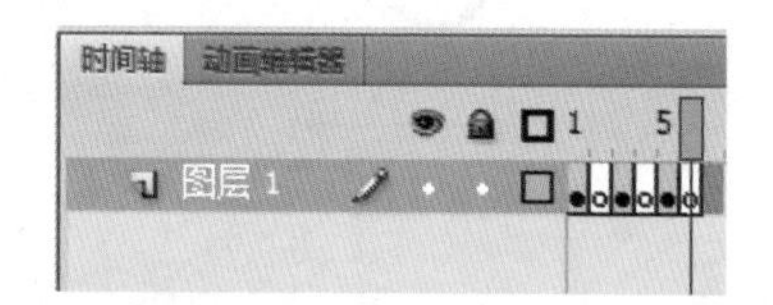

■ 图 3-14 插入空白关键帧

步骤三：在第 6 帧的空白关键帧位置，输入文字“欢”，打开菜单栏选择“视图”|“标尺”，可以让其他文字按照“欢”字所在位置底对齐。接下来依次插入关键帧，并依次输入文字“迎”“来”“到”“动”“画”“制”“作”“课”“堂”，如图 3-15 所示，时间轴上的设置如图 3-16 所示。

欢迎来到动画制作课堂

■ 图 3-15 逐帧依次输入文字

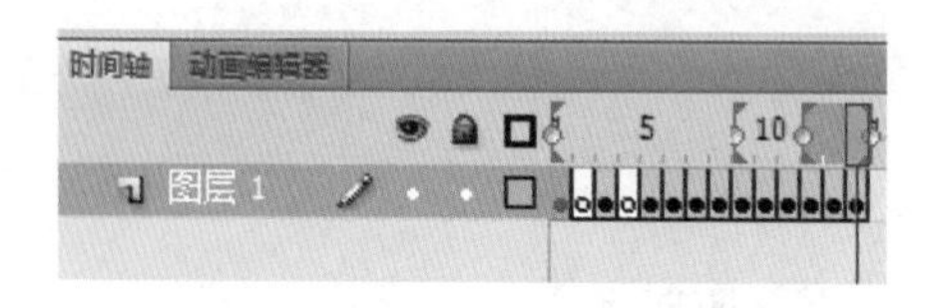

■ 图 3-16 时间轴设置

步骤四：制作句末下画线的闪烁效果，选择图层 1，在第 19 帧上插入帧，延长句子显示的时间。新建图层 2，在第 15 帧的位置，插入空白关键帧，将下画线图形元件拖入舞台，并放置在句末，并在第 17 帧、19 帧上插入关键帧，在第 16 帧、18 帧上插入空白关键帧，如图 3-17 所示。这样，下画线闪烁的效果就制作完成了，如图 3-18 所示。

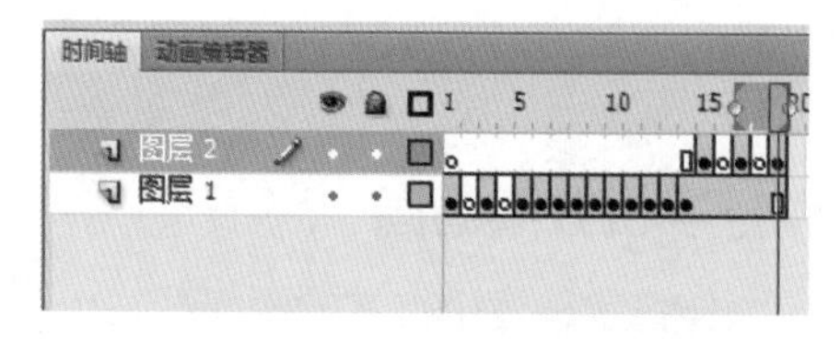

■ 图 3-17 新建图层

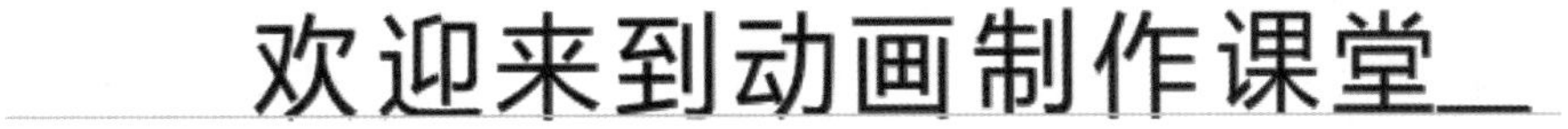

欢迎来到动画制作课堂

■ 图 3-18　最终效果

步骤五：将文档保存，并通过菜单栏上的“控制”|“测试影片”命令，或者按【Ctrl+Enter】组合键测试影片，观看效果。

3.2.4　课堂学习——制作写字效果动画

请扫一扫获取
相关微课视频

制作一笔一画写字的效果，可以通过逐帧制作笔画来完成。

步骤一：在舞台中央输入文字“吉”，设置字符颜色为红色，字符大小为 96 点，如图 3-19 所示。

步骤二：使用【Ctrl+B】组合键，将文字分离，如图 3-20 所示。

步骤三：在第 2 帧插入关键帧，并使用工具栏中的“橡皮擦工具”，擦除“吉”字的最后一个笔画，如图 3-21 所示。

■ 图 3-19　输入文字

■ 图 3-20　将文字分离

■ 图 3-21　擦除笔画

步骤四：在第 3 帧插入关键帧，擦除“吉”字的倒数第二个笔画，依次在第 4、5、6、7 帧上插入关键帧，并依次擦除“吉”字的笔画，如图 3-22 所示。

■ 图 3-22　逐帧擦除吉字

步骤五：这时播放动画我们发现“吉”字的笔画顺序是逆序的，需要将其翻转回来。将 7 个帧全部选中，选中的方式有两种：一种是按住【shift】键，先选中时间轴上第 1 帧，再选中第 7 帧，即可连续选中 7 个帧；

另外一种方法是直接从第 1 帧开始往最后一帧框选，如图 3-23 所示。选中了所有帧之后，在帧上右击，选择“翻转帧”命令，即可让文字按照正确笔画书写。

步骤六：这时播放动画，我们发现文字的笔画书写速度非常快，为了让文字能慢慢的一笔一画书写，在每个关键帧之后，插入两个普通帧，最终时间轴上的设置如图 3-24 所示。将文档保存，并通过菜单栏上的“控制”|“测试影片”命令，或者按【Ctrl+Enter】组合键，测试影片，观看效果。

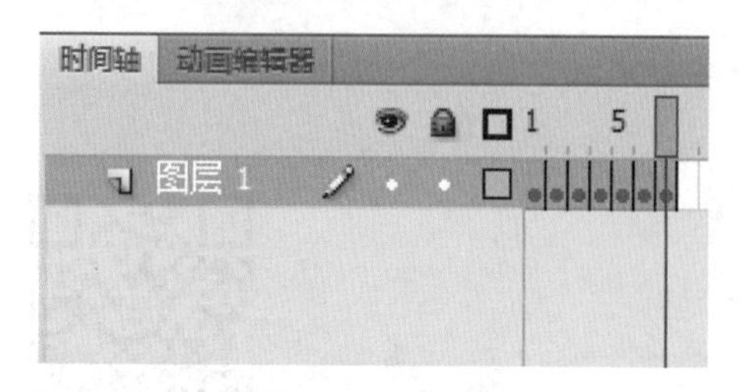

■ 图 3-23 选中所有帧

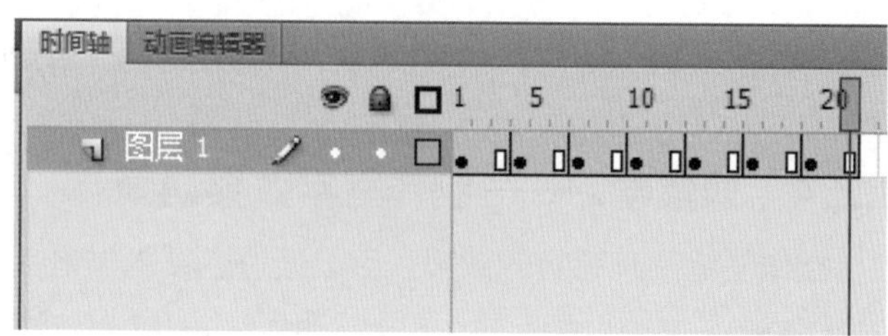

■ 图 3-24 插入普通帧

3.2.5 课堂练习——制作飞翔的大雁动画

请观看教学视频和教程，自行制作飞翔的大雁逐帧动画。

请扫一扫获取相关微课视频

步骤一：新建一个文档，使用渐变色填充天空。在“颜色”面板上，类型选择“线性”，设置“深蓝 - 浅蓝”的线性渐变色，如图 3-25 所示，使用“矩形工具”绘制一个与舞台同样大小的矩形。

步骤二：使用工具栏上的“渐变变形工具”调整渐变色的方向，通过旋转角点，改变渐变色填充方向，如图 3-26 所示，调整后的效果如图 3-27 所示。

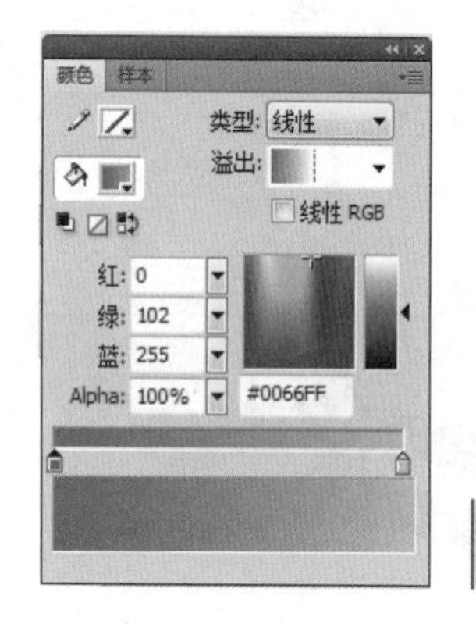

■ 图 3-25 渐变色填充

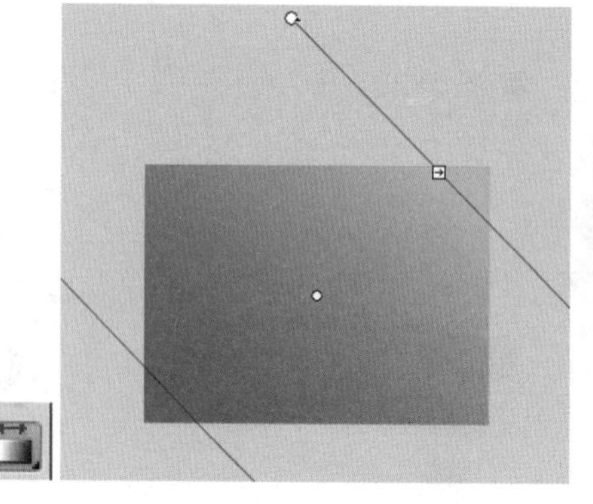

■ 图 3-26 渐变变形工具

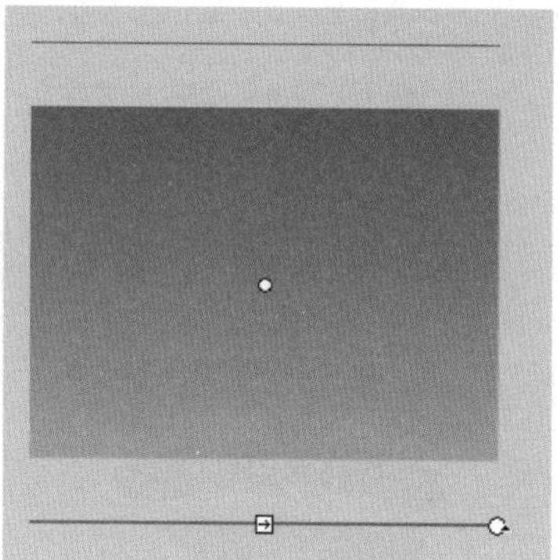

■ 图 3-27 绘制天空

步骤三：将图层 1 命名为“天空”，并在时间轴上第 5 帧插入帧，新建一个图层，命名为“大雁”，在第 1 帧的位置，插入空白关键帧，如图 3-28 所示，并绘制大雁图形，如图 3-29 所示。

步骤四：在“大雁”图层第 2 帧，插入关键帧，并使用工具栏上的“选择工具 (V)”，调整翅膀部分的形状，接下来，依次在第 3、4、5、6 帧插入关键帧，并将每个帧上的大雁翅膀形状做调整，制作出大雁翅膀上下扇动的效果，如图 3-30 所示。

步骤五：测试影片观看效果后发现大雁的翅膀扇动速度太快，为了调整速度，在时间轴上的每个关键帧后插入一个普通帧，延长每个动作停留的时间，如图 3-31 所示。

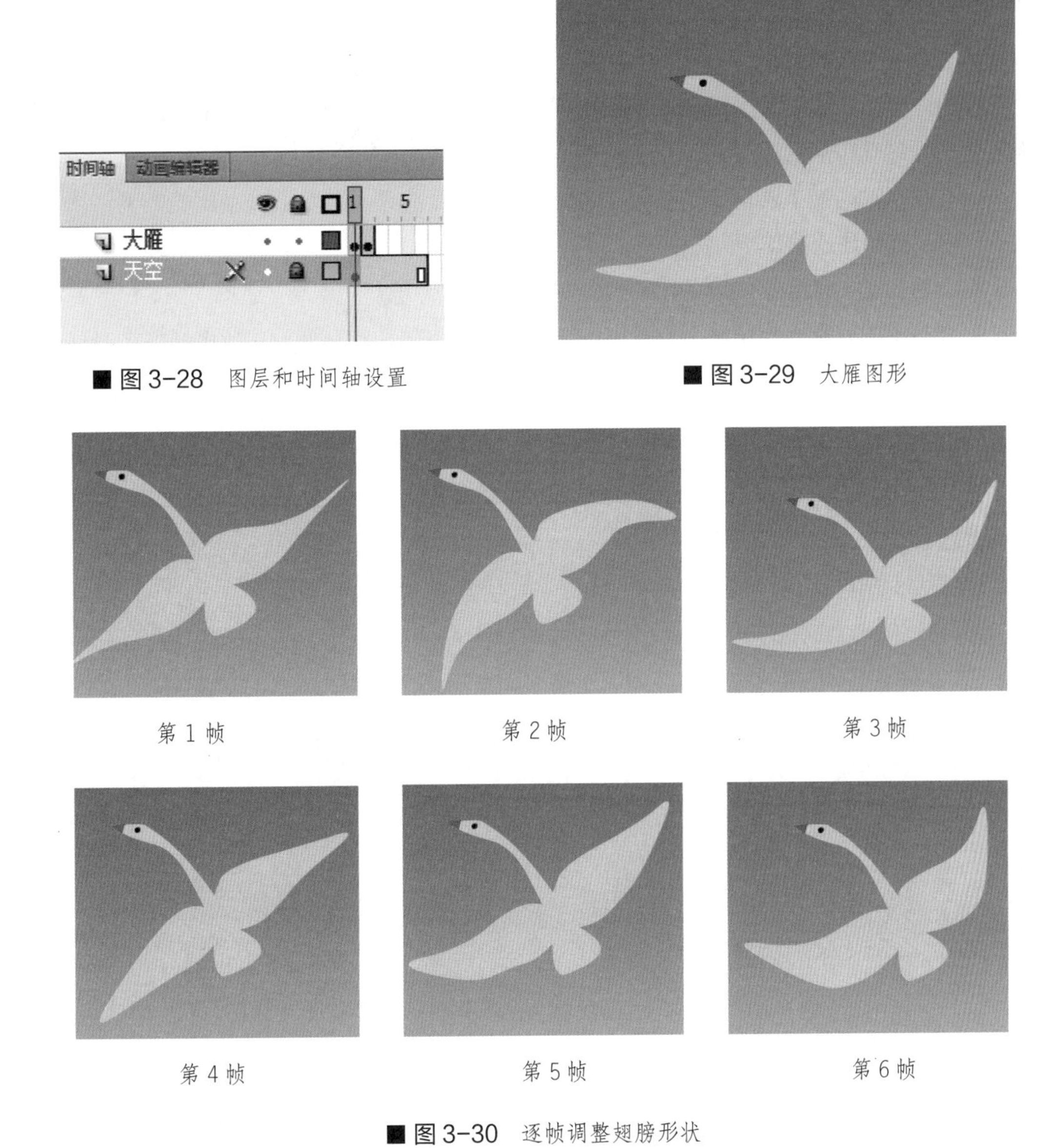

■ 图 3-28　图层和时间轴设置

■ 图 3-29　大雁图形

■ 图 3-30　逐帧调整翅膀形状

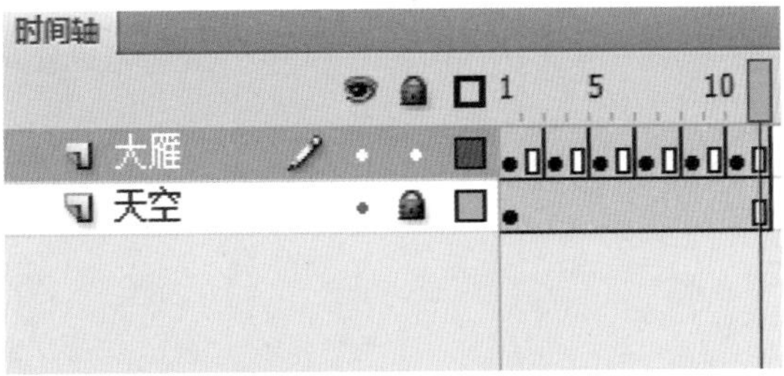

■ 图 3-31　时间轴设置

本章小结

本章着重介绍逐帧动画（Frame By Frame），这是一种常见的动画形式，它的原理是在连续的关键帧中分解动画动作，也就是每一帧中的内容不同，连续播放而成动画。由于是一帧一帧地画，所以逐帧动画具有非常大的灵活性，几乎可以表现任何想表现的内容。

逐帧动画在时间帧上表现为连续出现的关键帧，本章介绍了几个逐帧动画的实例，读者通过学习，可以掌握创建逐帧动画的几种方法。

常见的动画形式有五种：逐帧动画、形状补间动画、传统补间动画、遮罩动画、引导层动画。逐帧动画是其中的一种，也是其中的基础内容，只有将逐帧动画掌握，才能更好地学习其他几种动画形式。

课后检测

问答题

1. 常见的动画形式分为哪几类？
2. 简述逐帧动画的基本原理。
3. 简单介绍图层的概念，在什么情况下使用图层？
4. 什么是帧？如何对帧进行基本操作？

基本动画制作——形状补间动画

课前学习任务单

学习主题：形状补间动画的概念

达成目标：掌握创建补间形状的方法

学习方法建议：在课前观看微课视频学习，并尝试制作一个形状补间动画——旋转的五角星

课堂学习任务单

学习任务：制作文字变形、图案与文字的变形、摇曳的蜡烛、并集动画

重点难点：熟练掌握创建补间形状的方法

学习测试：制作四边形变特殊图形的形变动画以及“添加形状提示”工具的使用

形状补间动画是 Flash 中非常重要的表现手法之一，运用它可以变幻出各种奇妙的、不可思议的变形效果。

本章首先介绍形状补间动画基本概念，帮助读者认识形状补间动画在时间帧上的表现，了解补间动画的创建方法，其次，学会应用“形状提示”工具，让图形的形变自然流畅，最后，提供了实例，帮助读者更深刻地理解形状补间动画。

4.1 形状补间动画的概念

补间动画是指计算机根据前后两个关键帧的内容自动设计出的插补帧序列。在 Flash CS5 之前的版本中，补间动画分为两种：一种是针对形状变化的形状补间动画；另一种是针对元件及图形的补间动画。而在 Flash CS5 中，补间动画分为两类：基于对象的补间动画、形状补间动画及传统补间动画。

在 Flash 的时间帧面板上，在一个时间点（关键帧）绘制一个形状，然后在另一个时间点（关键帧）更改该形状或绘制另一个形状，Flash 根据二者之间帧的值或形状来创建的动画称为形状补间动画。

1. 构成形状补间动画的元素

形状补间动画可以实现两个图形之间颜色、形状、大小、位置的相互变化，其变形的灵活性介于逐帧动画和动作补间动画之间，使用的元素多为用鼠标或压感笔绘制出的形状，如果使用图形元件、按钮、文字，则必先分离再变形。

2. 形状补间动画在时间帧面板上的表现

形状补间动画建好后，时间帧面板的背景色变为淡绿色，在起始帧和结束帧之间有一个长长的箭头，如图 4-1 所示。

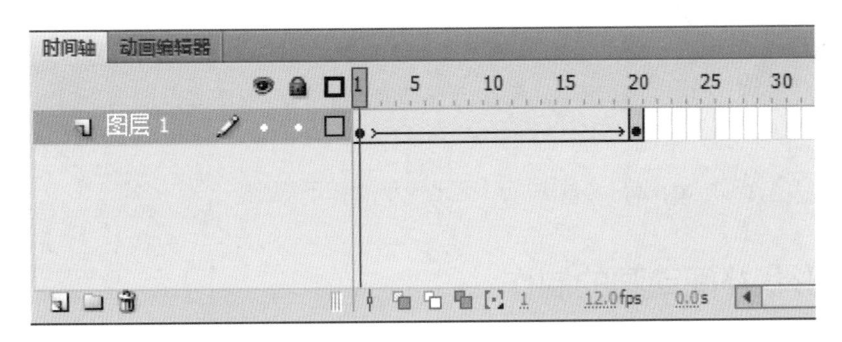

■ 图 4-1　形状补间动画在时间帧面板上的标记

3. 创建形状补间动画的方法

在时间轴面板上动画开始处创建或选择一个关键帧并设置要开始变形的形状，一般一帧中以一个对象为宜，在动画结束处创建或选择一个关键帧并设置变形后的形状，再单击开始帧，在属性面板上单击“补间”旁边的小三角，在弹出的菜单中选择“形状”，此时，时间轴上的变化如图 4-1 所示，一个形状补间动画就创建完毕。

4．认识形状补间动画的属性面板

Flash 的“属性”面板随选中的对象不同而发生相应的变化。当建立了一个形状补间动画后，单击时间帧，“属性”面板如图 4-2 所示。

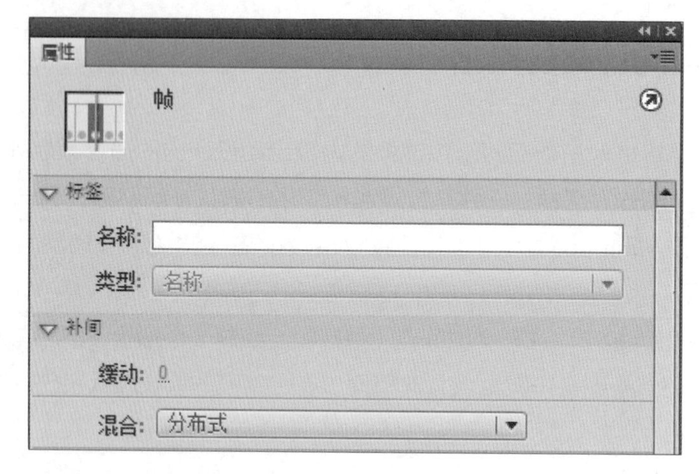

■ 图 4-2　形状补间动画“属性”面板

形状补间动画的“属性”面板上只有两个参数。

（1）“缓动”选项。在“0”下方有个滑动拉杆按钮，单击后上下拉动滑杆或输入具体的数值，形状补间动画会随之发生相应的变化。

① 在 1 到 -100 的负值之间，动画运动的速度从慢到快，朝运动结束的方向加速度补间。

② 在 1 到 100 的正值之间，动画运动的速度从快到慢，朝运动结束的方向减慢补间。

③ 默认情况下，补间帧之间的变化速率是不变的。

（2）“混合”选项。“混合”选项中有两项供选择。

①“角形”选项：创建的动画中间形状会保留有明显的角和直线，适合于具有锐化转角和直线的混合形状。

②“分布式”选项：创建的动画中间形状比较平滑和不规则。

4.2 形状补间动画的制作

4.2.1 课前学习——旋转的五角星

通过创建补间形状，制作一个从圆形变化为五角星的形状补间动画。

请扫一扫获取相关微课视频

步骤一：新建一个 Flash 文档，使用椭圆工具，并按住【Shift】键，在舞台中央绘制一个圆，如图 4-3 所示。

步骤二：在时间轴上第 30 帧的位置，插入空白关键帧，选择“多角星形工具”，并在属性面板中，单击“选项”按钮，打开“工具设置”对话框，将样式选择为“星形”，如图 4-4 所示，绘制一个如图 4-5 所示的红色五角星。

步骤三：在两个关键帧之间右击，在弹出的快捷菜单中选择“创建补间形状”命令，形状补间动画就创建成功了，时间轴上的设置如图 4-6 所示。

■ 图 4-3　绘制圆

■ 图 4-4　多角星形工具选项设置

■ 图 4-5　绘制红色五角星

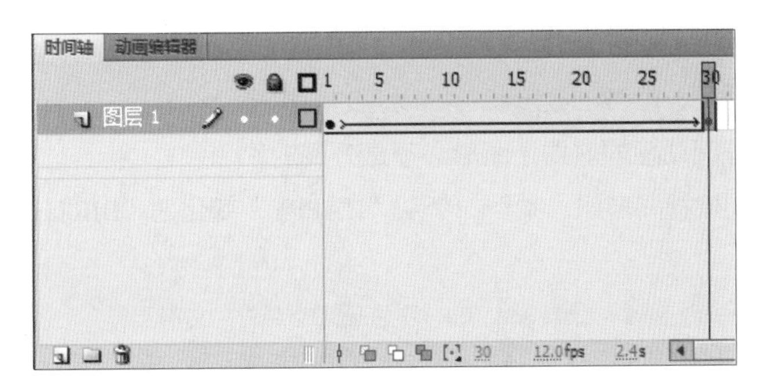

■ 图 4-6　时间轴设置

步骤四：为了让五角星旋转的效果更加明显，需要添加形状提示。打开菜单栏选择“修改”|“形状”|“添加形状提示”命令，如图 4-7 所示，出现一个形状提示“a”，将其放置在圆的左上角位置，接下来选择“修改”|“形状”|“添加形状提示”命令，添加形状提示“b”，将其放置在圆的顶部，依次添加形状提示“c”“d”“e”，并放置在圆形边界的不同位置，如图 4-8 所示。

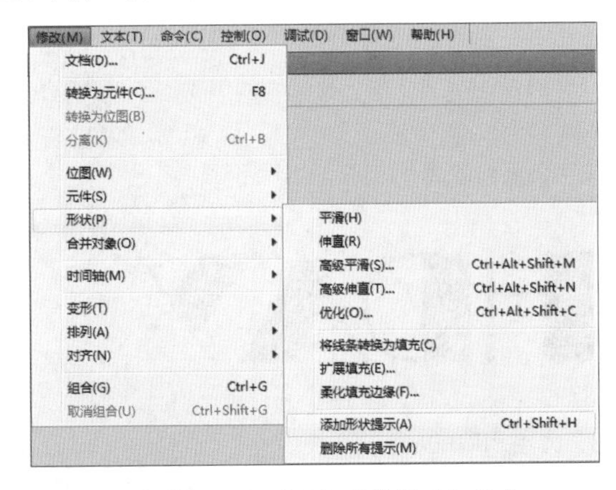

■ 图 4-7　“添加形状提示”操作

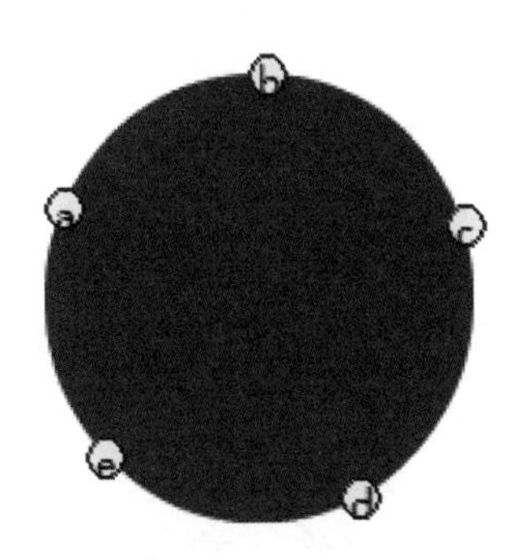

■ 图 4-8　为圆形添加形状提示

步骤五：定位在第 30 帧的位置，为红色五角星添加形状提示，将 5 个形状提示按照顺时针的方向，移动位置，这样旋转的效果更加明显，如图 4-9 所示。最后，按【Ctrl+Enter】组合键测试影片，圆形转换为五角星形的动画效果见图 4-10。

■ 图 4-9　为红色五角星添加形状提示

■ 图 4-10　形状补间动画效果

4.2.2　课堂学习——文字变形

思考：通过课前学习，思考创建形状补间动画的前提是什么？

回答：创建形状补间动画的前提是图形必须是分离的。

课堂学习：通过创建补间形状，制作一个从“HAPPY”变化为“BIRTHDAY”的形状补间动画。

请扫一扫获取相关微课视频

步骤一：新建一个 flash 文档，在舞台中央，使用工具栏中的“文本工具”，输入大写字母“HAPPY”，在“属性”面板中，设置字体为“Bauhaus 93”，大小为“84 点”，颜色为“红色”，如图 4-11 所示。接下来，执行两次分离命令，将文字分离为散件，如图 4-12 所示。

HAPPY

■ 图 4-11　文字 HAPPY

■ 图 4-12　分离文字

步骤二：在第 30 帧的位置，插入空白关键帧，在舞台中央，使用工具箱中的“文本工具”，输入大写字母“BIRTHDAY”，在“属性”面板中，选择字体为“Broadway”，大小为“74 点”，颜色为“蓝色”，如图 4-13 所示。接下来，执行两次分离命令，将文字分离为散件，如图 4-14 所示。

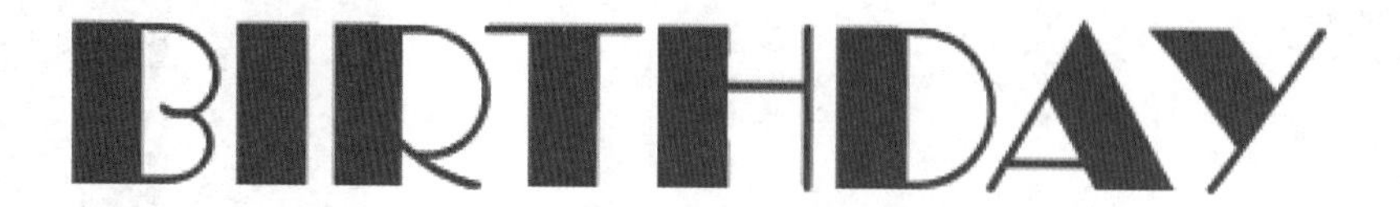

■ 图 4-13　文字 BIRTHDAY

■ 图 4–14　分离文字

步骤三：在两个关键帧之间右击，在弹出的快捷菜单中选择“创建补间形状”命令，形状补间动画创建成功，为了使“BIRTHDAY”图形停留的时间长一些，在第 45 帧的位置，插入普通帧。时间轴上的设置见图 4–15。

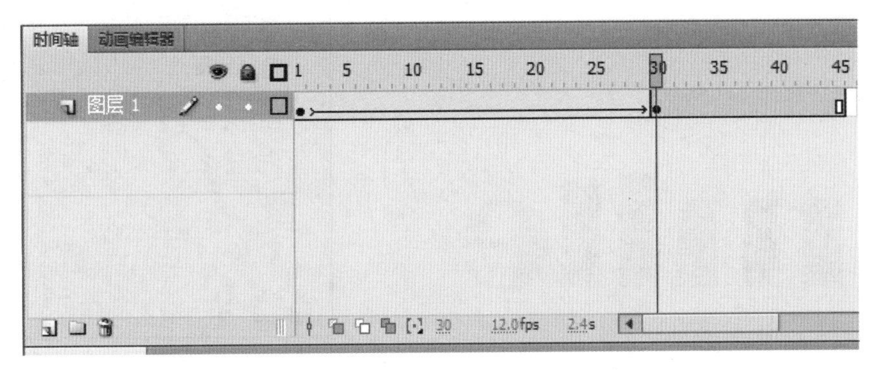

■ 图 4–15　创建补间形状

步骤四：按【Ctrl+Enter】组合键测试影片，文字之间互相转换的动画效果见图 4–16。

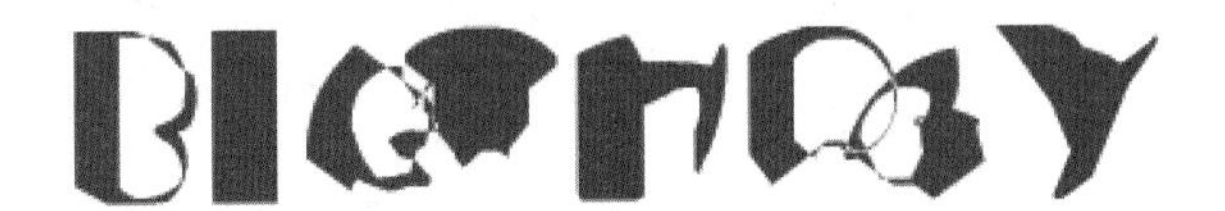

■ 图 4–16　形状补间动画效果

4.2.3　课堂学习——图案与文字间的变形

通过创建补间形状，制作一个从文字变化为笑脸的形状补间动画，如图 4–17 所示。

请扫一扫获取相关微课视频

■ 图 4–17　字母与笑脸

步骤一：新建一个 Flash 文档，将图层 1 命名为“smile”，在舞台中央，使用工具栏中的“文本工具”，输入字母“smile”，在“属性”面板中，选择字体为“Broadway”，大小为“74 点”，颜色为“橘红色”，如图 4-14 所示。接下来，执行两次分离命令，将文字分离为散件，如图 4-18 所示，在第 45 帧插入普通帧，让“smile”停留 45 帧。

步骤二：新建一个图层，命名为“e”，将“smile”图层上的“e”单独选中并复制，在“e”图层，按【Ctrl+Shift+v】组合键，在原来的位置复制“e”图形，时间轴上的图层设置见图 4-19。

■ 图 4-18　分离文字

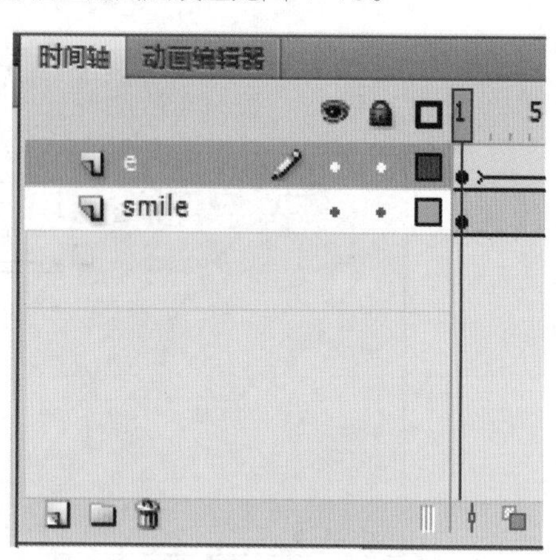

■ 图 4-19　图层的设置

步骤三：在第 30 帧的位置，插入空白关键帧，绘制笑脸图案。首先绘制一个黄色圆，按【Ctrl+G】组合键，绘制一个黑色的椭圆，作为眼睛，按【Ctrl+G】组合键组合，再复制一个黑色椭圆，作为另一只眼睛。使用“直线工具”绘制嘴巴，用“选择工具”调整直线为曲线，并将嘴巴图形组合。最后，将各个组合件进行移动，拼凑成笑脸的图案，如图 4-20 所示。使用“选择工具”框选所有的笑脸图形元素，按【Ctrl+B】组合键，将笑脸图案分离为散件，如图 4-21 所示。

■ 图 4-20　笑脸图案

■ 图 4-21　分离笑脸图案

步骤四：在两个关键帧之间右击，在弹出的快捷菜单中选择“创建补间形状”命令，形状补间动画创建成功，为了让笑脸图形停留的时间长一些，在第 45 帧的位置，插入普通帧。时间轴上的设置见图 4-22。

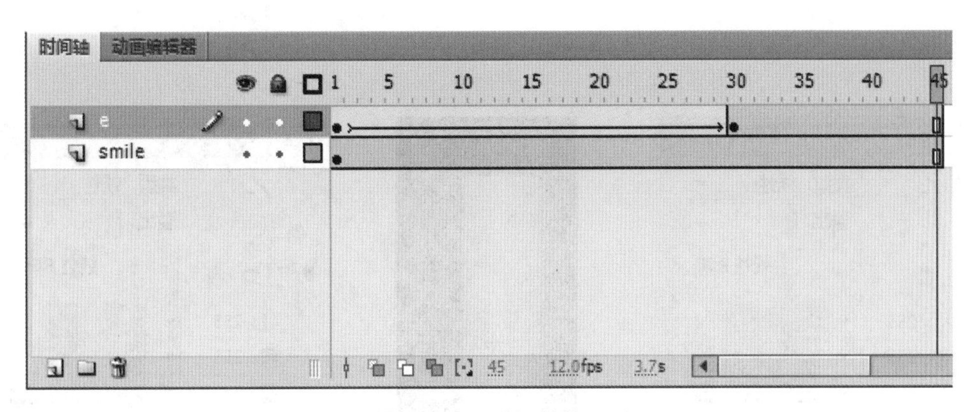

■ 图 4-22　时间轴的设置

4.2.4　课堂学习——摇曳的蜡烛火焰

请扫一扫获取相关微课视频

通过创建补间形状，制作蛋糕上的蜡烛火焰摇曳的动画效果，如图 4-23 所示。

步骤一：绘制图 4-24 所示的蛋糕图形，其中，蛋糕形状使用“矩形工具”绘制，并调节矩形圆角为 3 像素。奶油部分使用“画笔工具”，用白色涂抹绘制完成。花纹部分使用“铅笔工具”，勾勒出花纹线条。最后，按【Ctrl+G】组合键，将蛋糕图形进行组合。

■ 图 4-23　摇曳的蜡烛火焰

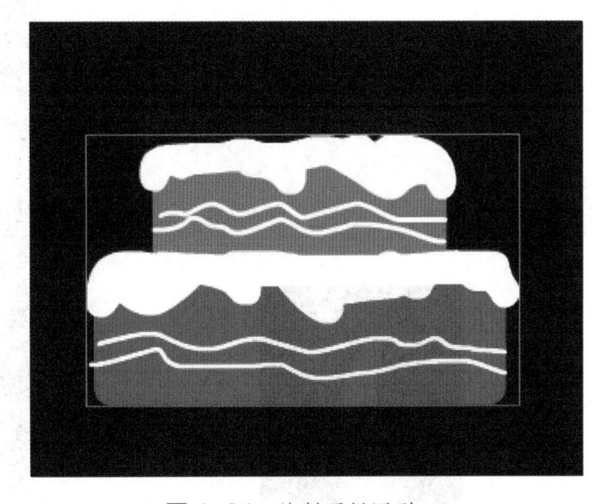

■ 图 4-24　绘制蛋糕图形

步骤二：打开菜单栏，选择“插入”|“新建元件”命令，弹出“创建新元件”对话框，类型选择“影片剪辑”，命名为“蜡烛”。在影片剪辑的舞台中央，绘制红色的蜡烛，并将图层 1 命名为“蜡烛”，在绘制之前，打开“颜色”面板，选择“线性”类型，设置颜色为“红——白——红”，模拟蜡烛的立体光照效果，如图 4-25 所示。设置颜色之后，使用“矩形工具”，绘制蜡烛，并将蜡烛图形进行组合，如图 4-26 所示。

步骤三：新建一个图层，命名为“火焰”，打开“颜色”面板，选择“线性”类型，设置颜色为“红——黄——白”，模拟火焰的渐变效果，如图 4-27 所示。设置颜色之后，使用“椭圆工具”，绘制火焰，并使用“选择工具”，调整火焰的形状，如图 4-28 所示。这时，线性渐变色的方向需要调整，选择工具栏中的“渐变变形工具”，旋转角点，调整线性渐变色的方向直至合适为止，如图 4-29 所示。

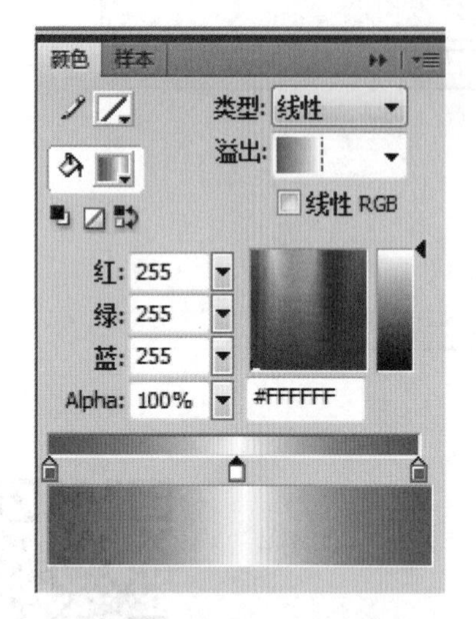

■ 图 4-25　颜色面板的设置

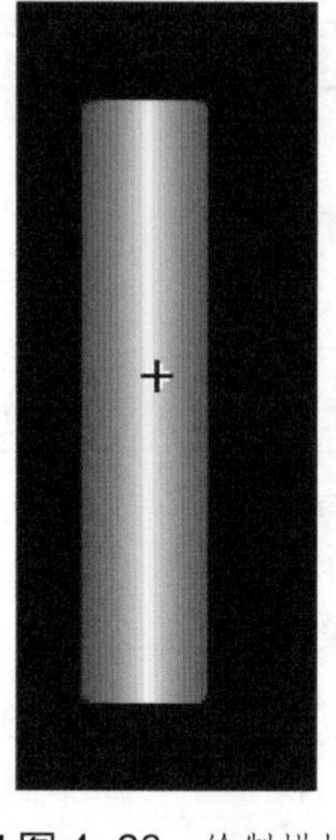

■ 图 4-26　绘制蜡烛

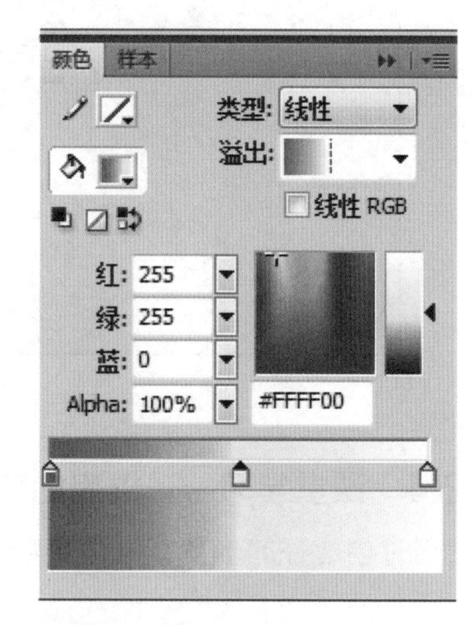

■ 图 4-27　设置火焰的颜色

步骤四：在第 30 帧的位置，插入关键帧，并使用选择工具，调整火焰的方向，调整为与图 4-29 相反的方向，如图 4-30 所示。

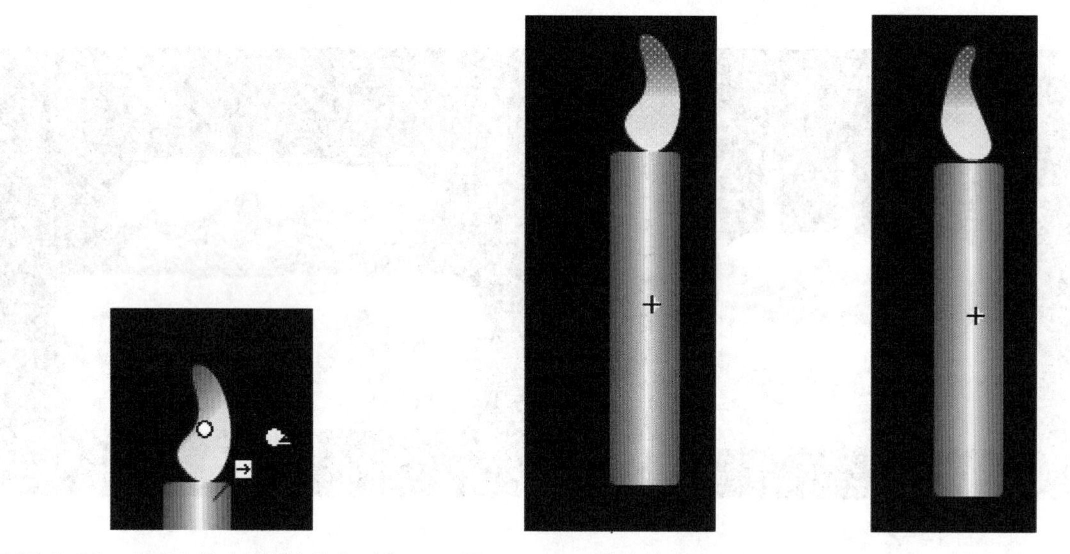

■ 图 4-28　绘制火焰并调整火焰的形状　■ 图 4-29　调整火焰线性渐变色　■ 图 4-30　调整火焰方向

在两个关键帧之间右击，在弹出的快捷菜单中选择“创建补间形状”命令，形状补间动画创建成功，按【Enter】键，观看火焰摇曳的效果。时间轴上的设置见图 4-31，“蜡烛”影片剪辑制作完成。

步骤五：回到场景 1，打开“库”面板，将“蜡烛”影片剪辑拖动到舞台中，如图 4-32 所示，并移动至蛋糕上。接着重复复制粘贴“蜡烛”影片剪辑，并将它们整齐地排列在蛋糕上，如图 4-33 所示。

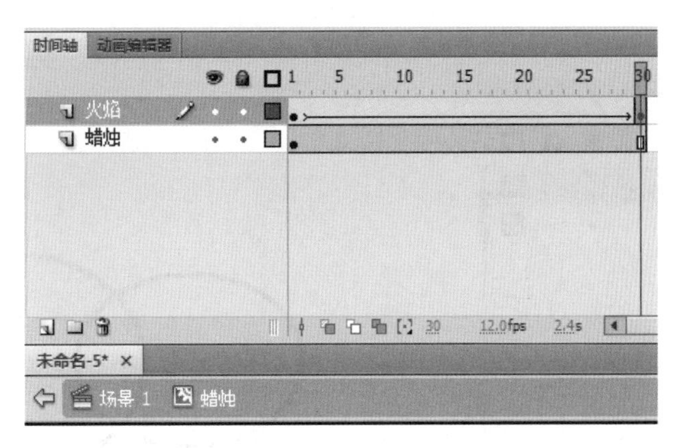

■ 图 4-31　时间轴的设置

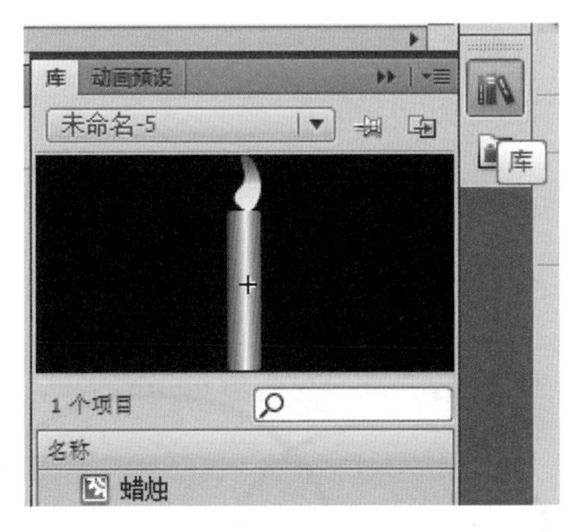

■ 图 4-32　“库”面板中的“蜡烛”影片剪辑

■ 图 4-33　复制“蜡烛”影片剪辑

4.2.5　课堂学习——并集动画

创建一个用两个椭圆的运动来表示的并集动画，为了防止形状补间扭曲，要使用“添加形状提示”工具，通过本实例，可以巩固“添加形状提示”工具的操作技巧。

请扫一扫获取相关微课视频

步骤一：新建一个 Flash 文档，把图层 1 命名为“左边”，新建一个图层，命名为“右边”。选中“左边”图层，在舞台左边绘制一个空心椭圆，选中“右边”图层，在舞台右边绘制一个稍微大一些的空心椭圆，如图 4-34 所示，时间轴上的图层设置见图 4-35。

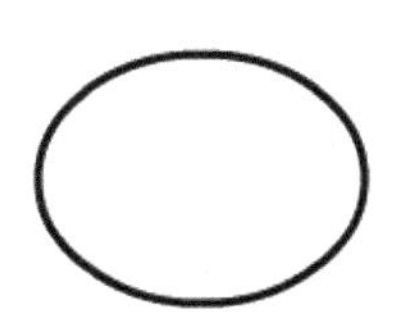

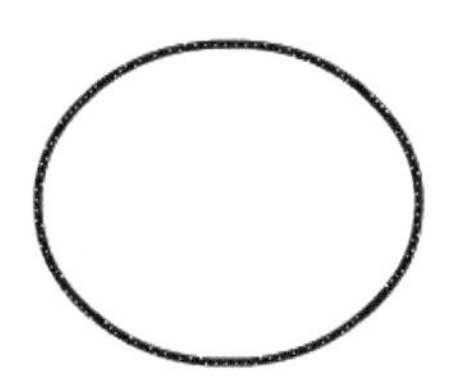

■ 图 4-34　绘制两个椭圆

在第 20 帧的位置，将“左边”和“右边”图层的椭圆都往舞台中央移动，并相交在一起，如图 4-36 所示。

■ 图 4-35　图层的设置

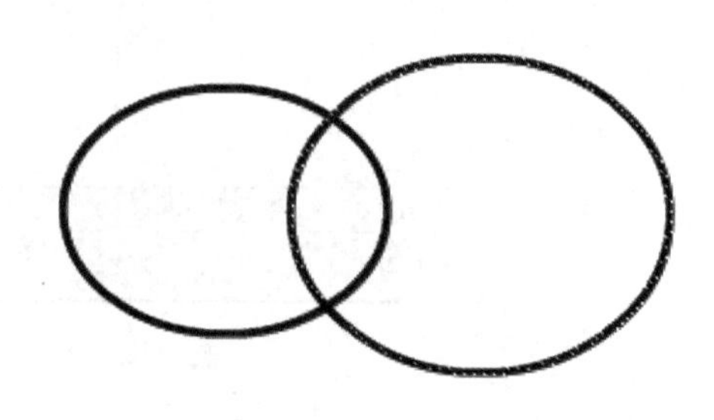

■ 图 4-36　相交的两个椭圆

步骤二：在第 21 帧的位置，分别在两个图层上插入关键帧，使用“橡皮擦工具”，在每个椭圆上擦除出一个小缺口，如图 4-37 所示。

为了防止形状补间产生扭曲变形，需要添加形状提示。“修改”|“形状”|“添加形状提示”命令，出现一个形状提示“a”，将其放置在椭圆形的缺口端点位置，接下来继续执行“修改”|“形状”|“添加形状提示”，添加形状提示“b”，将其放置在椭圆的另一个端点位置，如图 4-38 所示。右边图层上的椭圆图形也使用相同的方法添加形状提示。

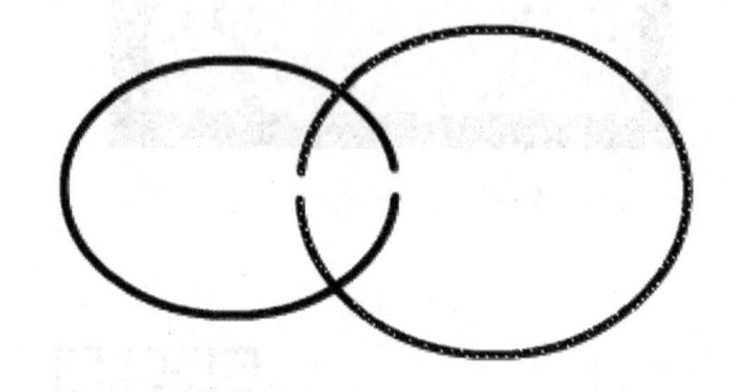

■ 图 4-37　擦除出缺口

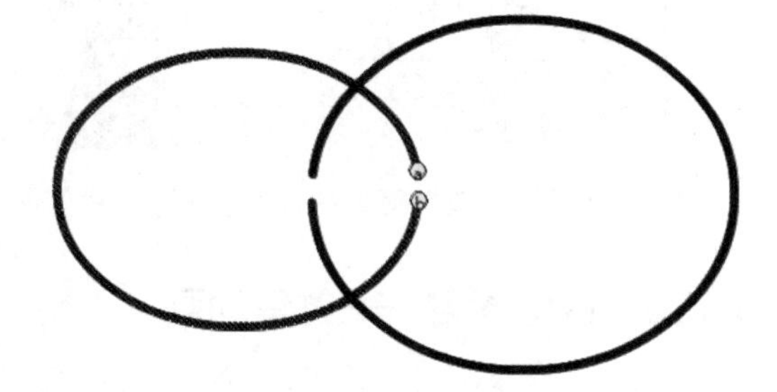

■ 图 3-38　添加形状提示

步骤三：在第 45 帧的位置，插入关键帧，把椭圆的形状调整为图 4-39 所示的形状，并把相对应的形状提示也放置在端点位置。在两个关键帧之间右击，在弹出的快捷菜单中选择“创建补间形状”命令，形状补间动画创建成功，按【Enter】键，观看由图 4-38 过渡到图 4-39 的变形效果。

步骤四：在第 46 帧的位置，两个图层上都插入关键帧，选择“修改”|“形状”|“添加形状提示”命令，出现一个形状提示“a”，将其放置在椭圆形的缺口端点位置，然后选择“修改”|“形状”|“添加形状提示”命令，添加形状提示“b”，将其放置在椭圆

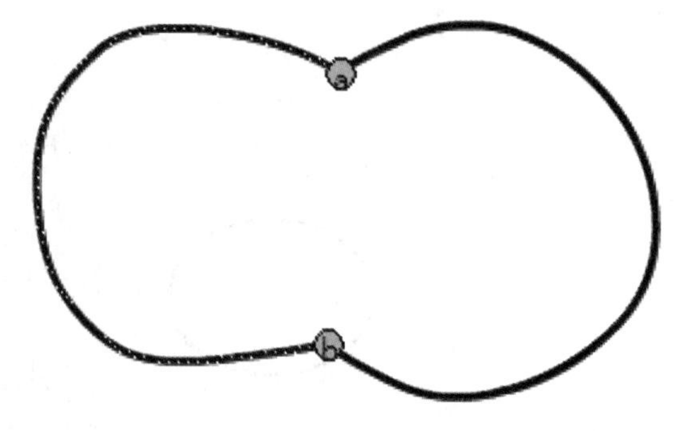

■ 图 4-39　调整椭圆形状

的另一个端点位置，如图 4-40 所示。右边图层上的椭圆图形也使用相同的方法添加形状提示。

在第 70 帧的位置，插入关键帧，调整两个椭圆的形状，如图 4-41 所示，并把相对应的形状提示也放置在端点位置。在两个关键帧之间右击，在弹出的快捷菜单中选择“创建补间形状”命令，形状补间动画创建成功，按【Enter】键，观看由图 4-40 过渡到图 4-41 的变形效果。

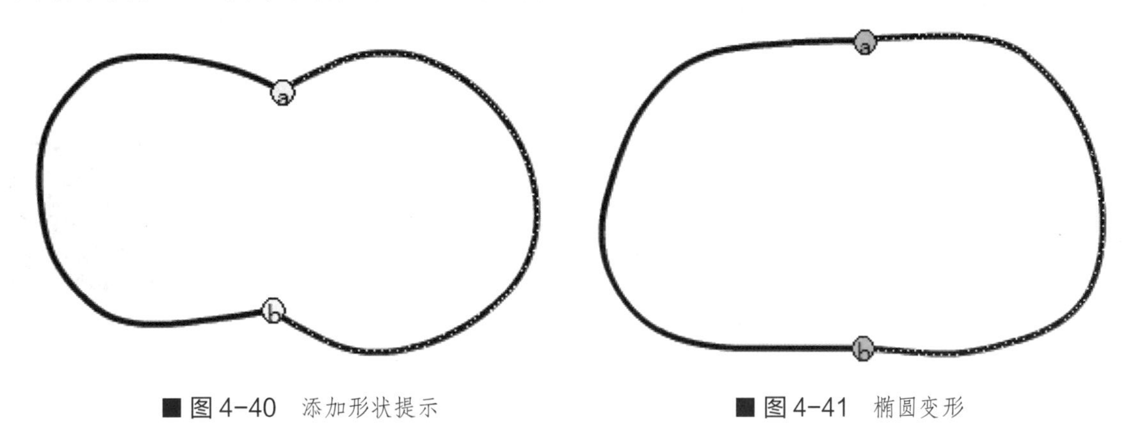

■ 图 4-40　添加形状提示　　■ 图 4-41　椭圆变形

步骤五：时间轴上的设置见图 4-42，制作完成后，按【Ctrl+Enter】组合键测试影片，并保存发布。

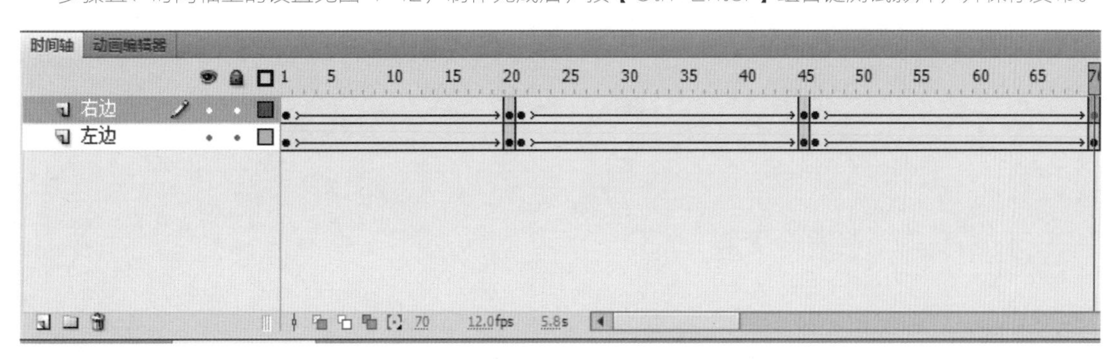

■ 图 4-42　时间轴上的设置

本章小结

本章从基本动画——形状补间动画的基本概念入手，介绍了形状补间动画在时间帧上的表现，帮助读者了解形状补间动画的创建方法，学会应用形状提示让图形的形变自然流畅，最后，介绍了几个实例：图形的变形、文字的变形、图形与文字间的变形、将形状补间动画应用于影片剪辑、添加形状提示的形状补间动画，让读者能全方位的学习形状补间动画的制作。在制作形状补间动画的过程中，要注意的是创建的图形和文字必须分离为散件，这样才能制作出正确的形状补间动画。

课后检测

操作题

请制作一个由图 4-33 变形为图 4-34，再由图 4-34 变形至图 4-35 的形状补间动画，并添加相应的形状提示进行辅助。若需参考操作视频，可以扫一扫二维码，登录到微课网站进行观看。

■ 图 4-33　矩形

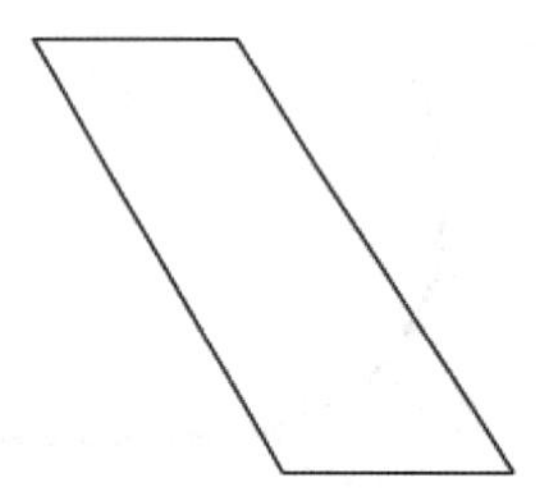

■ 图 4-34　平行四边形

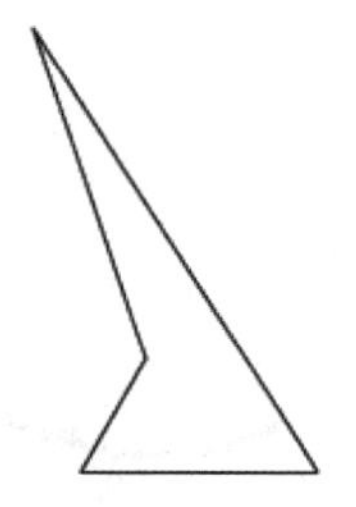

■ 图 4-35　特殊形状

请扫一扫获取
相关微课视频

基本动画制作——传统补间动画

课前学习任务单

学习主题：传统补间动画和形状补间动画的区别

达成目标：掌握插入帧、插入关键帧和插入空白关键帧

学习方法建议：在课前观看微课视频学习，并尝试制作一个逐帧动画

课堂学习任务单

学习任务：制作弹跳的小球、旋转的星星、跳动的心、白云飘飘、水滴涟漪动画

重点难点：熟练掌握创建传统补间动画的操作，并学习“属性”面板上缓动、旋转的设置，循环动画的制作技巧

学习测试：制作“运动的小球与影子”的动画

5.1 传统补间动画的概念

传统补间动画与形状补间动画不同，形状补间动画只能作用于矢量图形，而传统补间动画只能作用于图形对象或文本对象。并且，传统补间动画只能实现对象的非形状变化。

传统补间动画是在两个关键帧之间建立动画补间，因此在建立补间之前必须有两个关键帧，Flash 根据两个关键帧中对象的大小、位置、颜色、滤镜等属性值来创建补间动画。

在 Flash 中，补间形状 (变形) 动画只能针对矢量图形进行，也就是说，进行变形动画的首、尾关键帧上的图形应该都是矢量图形，

矢量图形的特征是：在图形对象被选中时，对象上面会出现分布均匀的白色小点。利用工具箱中的直线、椭圆、矩形、刷子、铅笔等工具绘制的图形，都是矢量图形。

在 Flash 中，传统补间只能针对非矢量图形进行，也就是说，运动动画的首、尾关键帧上的图形都不能是矢量图形，它们可以是组合图形、文字对象、元件的实例、被转换为元件的外界导入图片等。转为元件能修改的属性参数比较多，因此在表中对象统一为元件。

非矢量图形的特征是：在图形对象被选中时，对象四周会出现蓝色或灰色的外框。利用工具箱中的文字工具建立的文字对象就是非矢量图形，将矢量图形组合后，可得到组合图形，将库中的元件拖动到舞台上，可得到该元件的实例。

补间形状和补间形状和传统补间的主要区别如表 5-1 所示。

表 5-1　补间形状和传统补间动画的区别

区　别	补间形状（形状补间动画）	传统补间（动作补间动画）
在时间轴上的表现	淡绿色背景，有实心箭头	淡紫色背景，有实心箭头
组成	矢量图形（如果使用图形元件、按钮、文字，则必先打散，即转化为矢量图形）再变形	元件（可为影片剪辑、图形元件、按钮等）或先转化为元件 注：非矢量图形（组合图形、文字对象、元件的实例、被转换为元件的外界导入图片等）皆可，但元件能修改的属性参数比较多，因此建议统一为元件
效果	矢量图形由一种形状逐渐变为另一种形状的动画。实现两个矢量图形之间的变化，或一个矢量图形的大小、位置、颜色等的变化	元件由一个位置到另一个位置的变化。实现同一个元件的大小、位置、颜色、透明度、旋转等属性的变化
关键	•插入空白关键帧 •首尾可为不同对象，可分别打散为矢量图	•插入关键帧 •首尾为同一对象。先将首转为元件再建尾关键帧
特性	可以让不同的矢量图形相互变形	可以利用运动引导层来实现传统补间动画图层（被引导层）中对象按指定轨迹运动的动画

5.2 传统补间动画的制作

请扫一扫获取
相关微课视频

5.2.1 课前学习——弹跳的小球

步骤一：使用“椭圆工具”，绘制一个如图 5-1 的正圆形的小球，打开“颜色”面板，设置线性渐变色为“白 - 蓝”，如图 5-2 所示。使用“颜料桶工具”在小球图形上单击，白色高光部分根据颜料桶的填充位置而变化，可以多单击几次，观看效果。

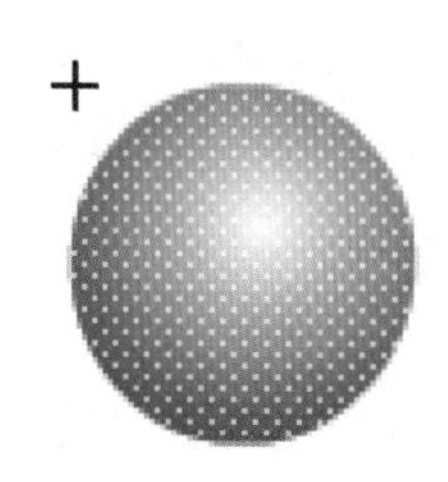

■ 图 5-1　小球

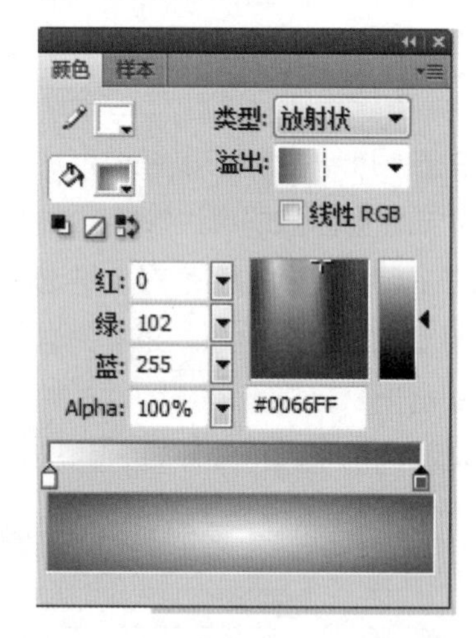

■ 图 5-2　“颜色”面板的设置

步骤二：将小球图形选中，将其转换为图形元件，命名为“ball”，如图 5-3 所示。在第 30 帧的位置插入关键帧，将“ball”图形元件由舞台上方移动到下方；在第 60 帧的位置，插入空白关键帧，将第 1 帧上的“ball”图形元件选中复制，在第 60 帧上，按住【Ctrl+Shift+V】组合键，将小球按照第 1 帧上的位置复制。在关键帧之间右击，选择“创建传统补间”命令，如图 5-4 所示，按住【Enter】键观看动画效果。

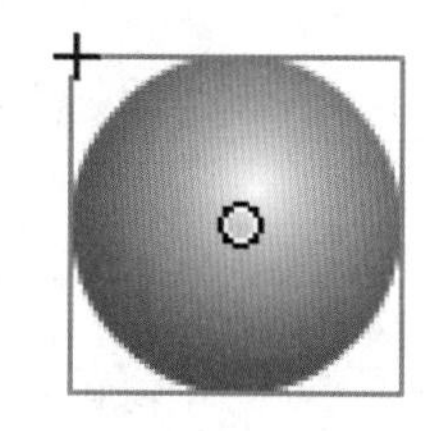

■ 图 5-3　转换为图形元件

动画中小球在作匀速的循环运动，为了体现重力加速度的作用，小球应当为加速往下落，减速往上弹的动画效果。在第 1 帧和第 30 帧之间的补间上单击，在“属性”面板上将“缓动”数值修改为“-100”，如图 5-5 所示；在第 31 帧和第 60 帧之间的补间上单击，在“属性”面板上将“缓动”数值修改为“100”，如图 5-6 所示。按住【Ctrl+Enter】组合键测试影片，这样，小球就能加速往下落，减速往上弹。最后保存文件，并发布影片。

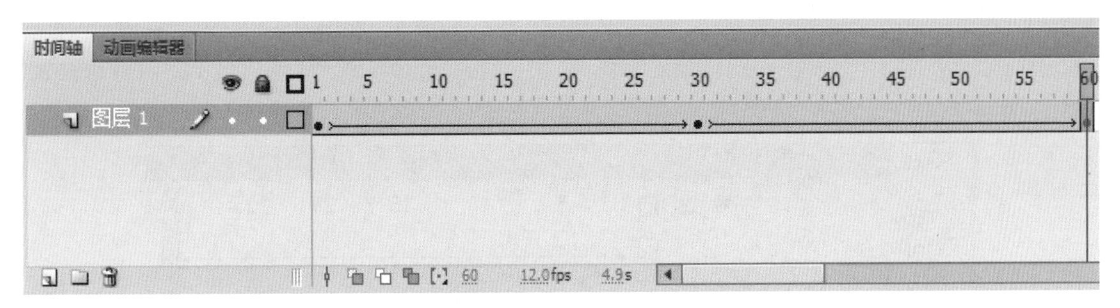

■ 图 5-4 时间轴的设置

■ 图 5-5 加速设置

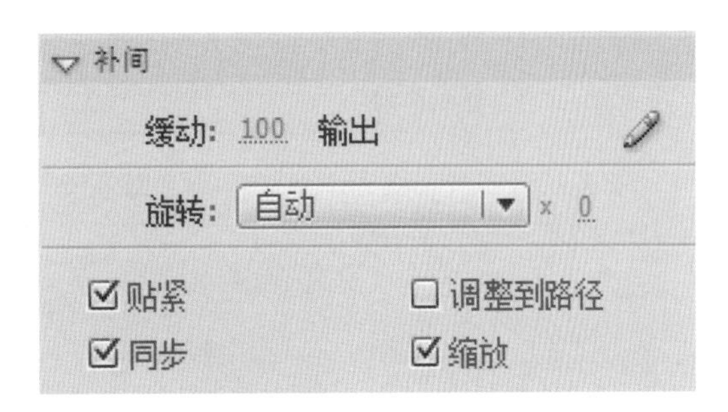

■ 图 5-6 减速设置

5.2.2 课堂学习——旋转的星星

请扫一扫获取相关微课视频

步骤一：新建一个 Flash 文件，将文档属性中的背景色设置为黑色。使用“多角星形工具”绘制五角星，在“工具设置”的“选项”中，选择类型为“星形”，边数为“5”，为五角星填充由白至红的线性渐变色，如图 5-7 所示。

步骤二：选中五角星图形并右击，选择“转换为元件”——“图形元件”，命名为“star”，如图 5-8 所示。

■ 图 5-7 绘制五角星

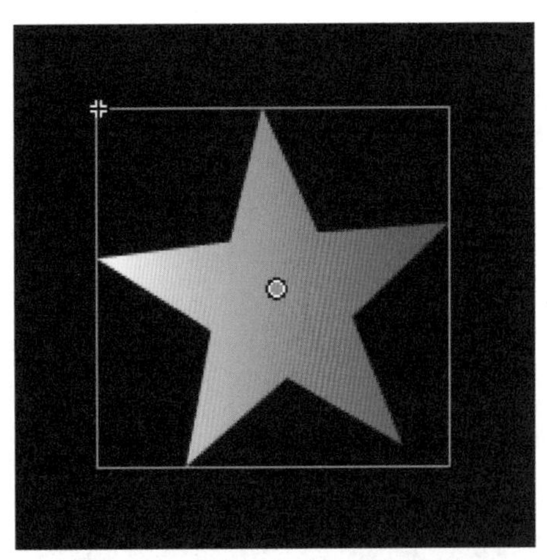

■ 图 5-8 将五角星转换为图形元件

步骤三：在时间轴上的第 30 帧，插入关键帧，在两个关键帧之间右击，创建传统补间动画，如图 5-9 所示。在右边的“属性”面板中，设置“旋转”为顺时针，2 次，如图 5-10 所示。按住【Ctrl+Enter】组合键测试影片，星星图形元件在原地不停地顺时针旋转。最后保存文件，并发布影片。

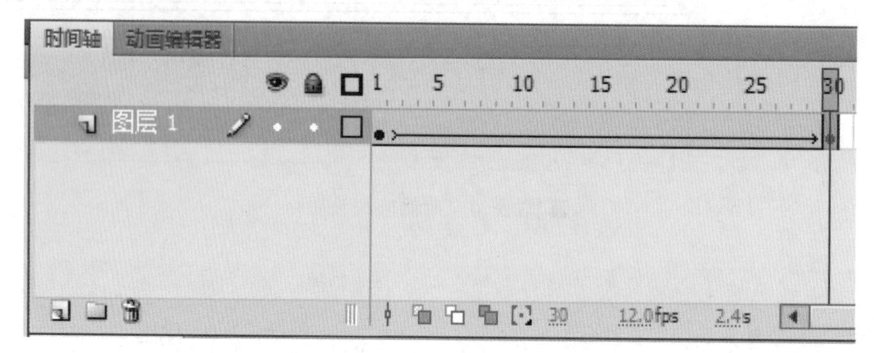

■ 图 5-9　创建传统补间

■ 图 5-10　设置顺时针旋转效果

5.2.3　课堂学习——跳动的心

请扫一扫获取相关微课视频

步骤一：使用“椭圆工具”绘制一个空心椭圆，并使用“任意变形工具”旋转空心椭圆，如图 5-11 所示。复制这个椭圆，并使用“任意变形工具”水平翻转，调整为如图 5-12 所示的椭圆。将两个椭圆移动，直至拼接为一个“心”形，使用“选择工具”，将多余的线条删除，最终效果见图 5-13。

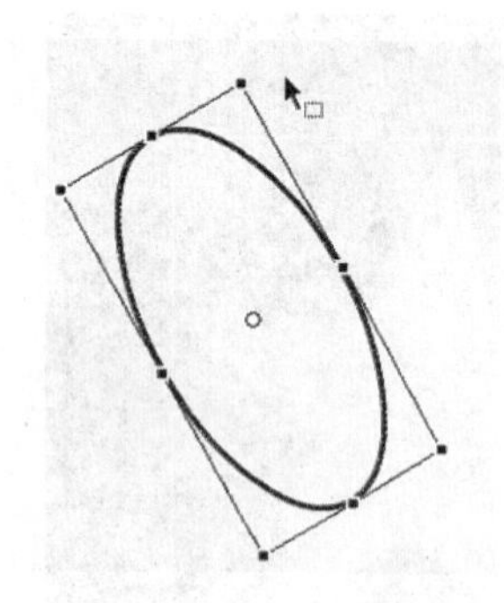

■ 图 5-11　绘制椭圆

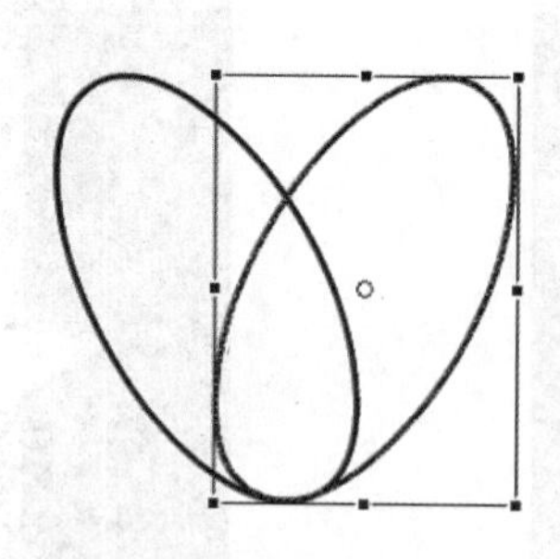

■ 图 5-12　复制椭圆并翻转

■ 图 5-13　将多余线条删除

步骤二：打开“颜色”面板，设置“浅粉色 - 深粉色”的线性渐变，如图 5-14 所示。使用颜料桶工具，在“心”形中绘制线条，将渐变色填充图形，如图 5-15 所示。

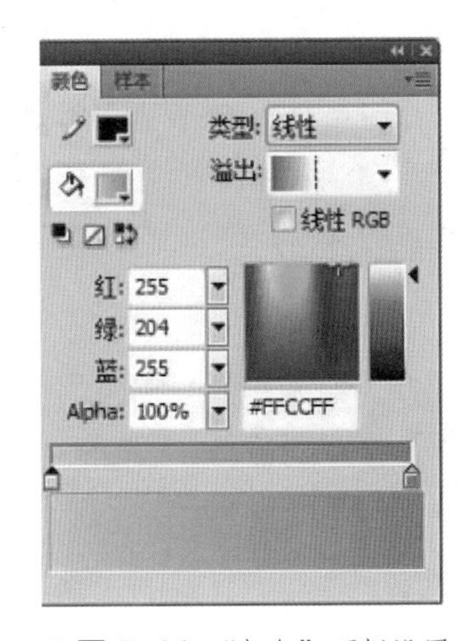

■ 图 5-14　“颜色”面板设置

■ 图 5-15　填充渐变色

步骤三：将心形图形全部选中，将其转换为图形元件，命名为“heart”。将“heart”图形元件缩小，放置在舞台右上角，如图 5-16 所示。在第 30 帧的位置，插入关键帧，将“heart”图形元件等比例放大，放置在舞台左下角，并旋转一定的角度，如图 5-17 所示。在两个关键帧之间，创建传统补间动画，在补间中点击其中一个帧，在“属性”面板上，设置“旋转”为逆时针，1 次，如图 5-18 所示。按住【Ctrl+Enter】组合键测试影片，“心”形旋转着从右上角飘落到左下角，并不断放大。最后保存文件，并发布影片。

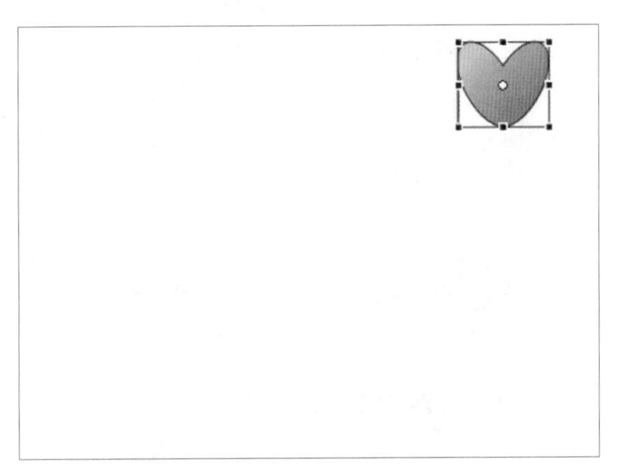

■ 图 5-16　第 1 帧上的图形元件位置

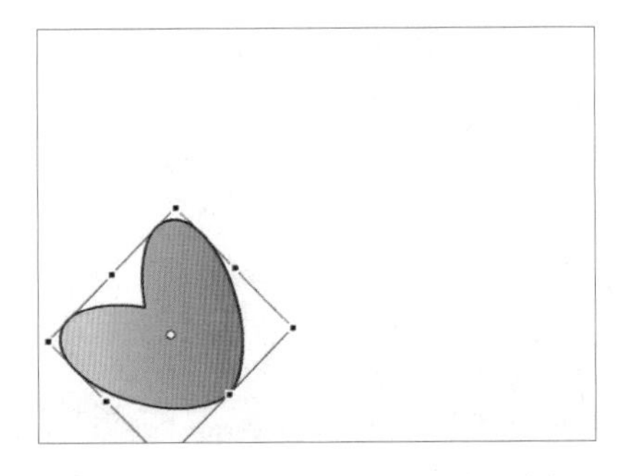

■ 图 5-17　第 30 帧上的图形元件位置

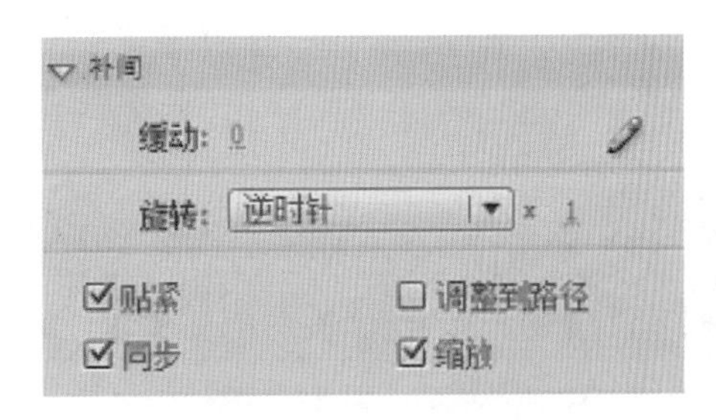

■ 图 5-18　设置旋转效果

5.2.4 课堂学习——白云飘飘

请扫一扫获取
相关微课视频

步骤一：新建一个 Flash 文件，将文档属性中的尺寸设置为 800 像素 *400 像素。将“蓝天绿地 .jpg”图片导入到舞台中，并调整背景图的大小，以适应舞台的尺寸，如图 5-19 所示。

■ 图 5-19 导入背景图片

步骤二：使用“刷子工具”，设置大一些的笔头，绘制如图 5-20 所示的白云图形。将所有白云图形选中，将其转换为图形元件，命名为“白云”。

■ 图 5-20 绘制白云

步骤三：复制“白云”图形元件，并放在舞台外，位置如图 5-21 所示。将两个图形元件全部选中，转换为图形元件，命名为“一串白云”。

■ 图 5-21 第 1 帧上的白云位置

在第 80 帧的位置，插入关键帧，将“一串白云”图形元件从右边移动到左边，如图 5-22 所示，在第 1 帧和第 80 帧之间创建传统补间，如图 5-23 所示。按住【Ctrl+Enter】组合键测试影片，白云在缓缓飘动，而且是无缝循环播放。最后，保存文件，并发布影片。

■ 图 5-22　第 80 帧上的白云位置

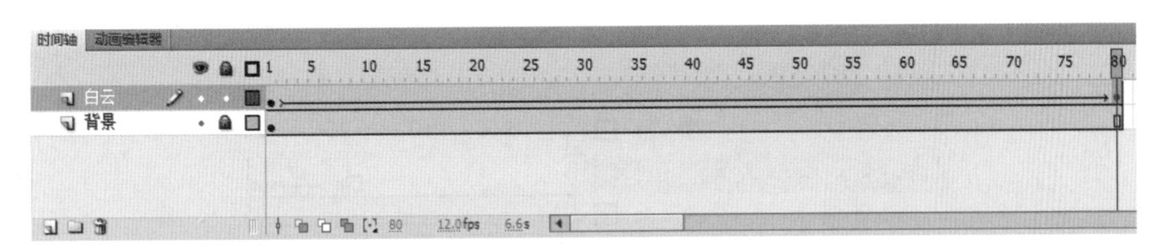

■ 图 5-23　时间轴上的设置

5.2.5　课堂学习——水滴涟漪

请扫一扫获取相关微课视频

步骤一：新建一个 Flash 文件，将背景色设置为深蓝色。打开菜单栏“插入——新建元件——影片剪辑”，命名为“水滴”，在影片剪辑的舞台上，将图层 1 命名为“水滴”，使用“椭圆工具”绘制一个椭圆，并使用“选择工具”调整为水滴的形状，填充由白至蓝的线性渐变色，如图 5-24 所示。

将水滴图形转换为图形元件，命名为“一滴水”，在时间轴上的第 15 帧插入关键帧，将“一滴水”图形元件从舞台上方移动到下方，在两个关键帧之间创建传统补间。

步骤二：在“水滴”影片剪辑的舞台中，新建一个图层，命名为“涟漪”，在时间轴上第 15 帧的位置，插入空白关键帧，用“椭圆工具”绘制一个空心椭圆，如图 5-25 所示，将空心椭圆转换为图形元件，命名为“涟漪”，在时间轴上的第 20 帧插入关键帧，使用“任意变形工具”将“涟漪”图形元件等比例放大，如图 5-26 所示，在第 15 帧和第 20 帧之间创建补间。

在“水滴”图层上的第 20 帧位置，插入关键帧，将“一滴水”图形元件往下移动位置，并设置 Alpha 为 0，让水滴最终消失不见，在第 15 帧和第 20 帧之间创建传统补间，时间轴的设置如图 5-27 所示。

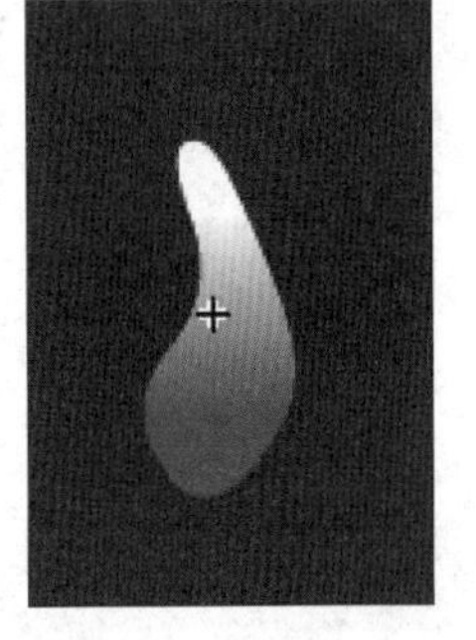

■ 图 5-24　绘制水滴图形

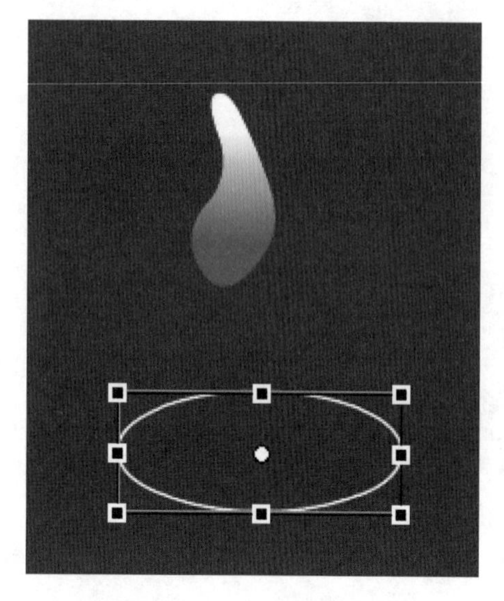

■ 图 5-25　第 15 帧上的涟漪

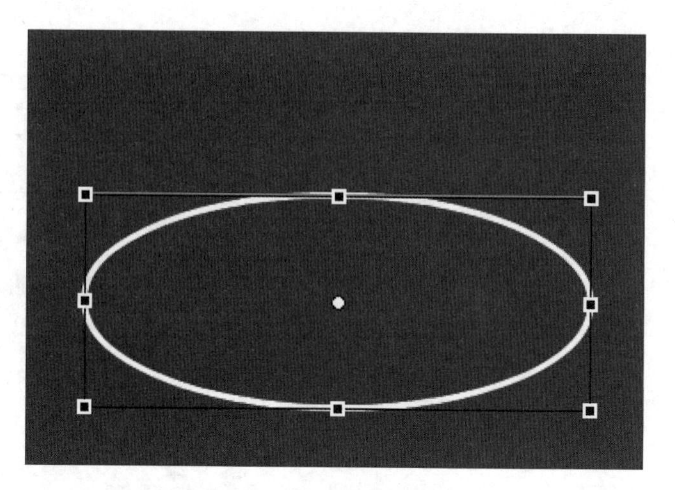

■ 图 5-26　第 20 帧上的涟漪

■ 图 5-27　时间轴的设置

步骤三：回到场景 1，将“水滴”影片剪辑从库中拖动到舞台上方，调整大小，多次复制“水滴”影片剪辑，将它们错落有致的放置在舞台上方区域，如图 5-28 所示。

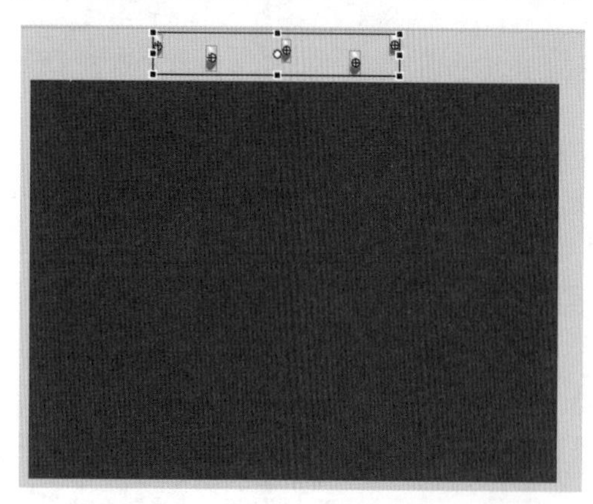

■ 图 5-28　复制“水滴”影片剪辑

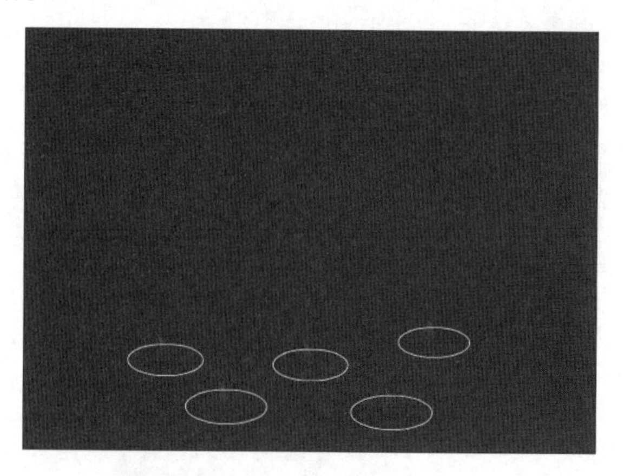

■ 图 5-29　水滴涟漪的动画效果

按住【Ctrl+Enter】组合键测试影片，观看水滴下落变为涟漪的效果，若水滴的位置不合适，返回至 Flash 源文件中，调整各个影片剪辑元件的位置，再次测试，直到满意为止。动画效果见图 5-29。最后，保存文件并且发布为影片。

本章小结

本章介绍了基本动画制作——传统补间动画，在课前学习中，对比了传统补间和形状补间，分析了两者的相同点和区别。

形状补间动画：在 Flash 中，只能针对矢量图形进行，也就是说，进行变形动画的首、尾关键帧上的图形应该都是矢量图形，

传统补间动画：在 Flash 中，只能针对非矢量图形进行，也就是说，进行运动动画的首、尾关键帧上的图形都不能是矢量图形，它们可以是组合图形、文字对象、元件的实例、被转换为元件的外界导入图片等。

通过几个实例的练习，读者了解了传统补间动画是在两个关键帧之间建立动画补间，因此在建立补间之前必须有两个关键帧，Flash 根据两个关键帧中对象的大小、位置、颜色、滤镜等属性值来创建补间动画。这里必须要强调的是，在创建传统补间动画之前，关键帧上的图片或文字，必须要转换为元件，否则，库中将会出现许多的“补间”元件，不利于库的管理。

我们可以运用传统补间动画制作出很多生动、有趣、动感的动画，这是 Flash 基础动画制作中最基本的操作，希望读者加以练习，熟练掌握。

课后检测

操作题

制作一个传统补间动画，如图 5-30 所示，在光滑地板上，小球弹跳时其影子也跟随运动的动画，可以扫一扫二维码观看动画效果。

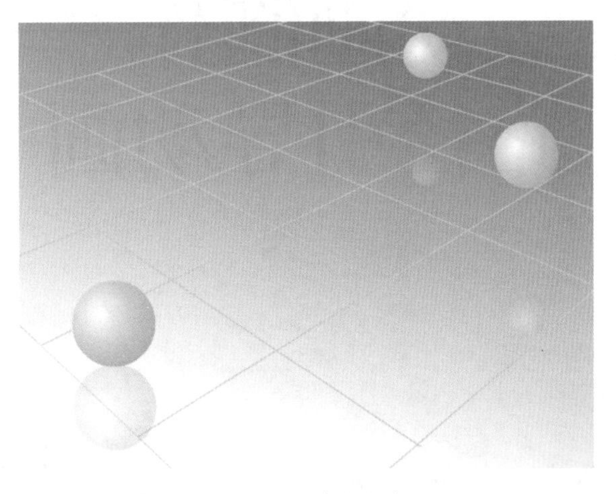

■ 图 5-30　运动的小球及影子

请扫一扫获取
相关微课视频

第6章

高级动画制作——路径引导动画

课前学习任务单

学习主题：路径引导动画的概念

达成目标：掌握路径的绘制方法，引导层的设置

学习方法建议：在课前观看微课视频学习，并尝试制作一个路径引导动画

课堂学习任务单

学习任务：制作“汽车行驶”“投篮”“旋转的小行星”“花朵飘飘”“飘舞的白色气泡”的路径引导动画

重点难点：路径贴紧至对象，引导层的设置

学习测试：制作“飘舞的白色气泡”路径引导动画

6.1 路径引导动画的概念

引导层是Flash引导层动画中绘制路径的图层。引导层中的图案可以为绘制的图形或对象定位，主要用来设置对象的运动轨迹。引导层不从影片中输出，所以不会增加文件的大小，而且可以多次使用。

1. 静态引导层

将普通图层转换为引导层的方法有两种。

（1）在“时间轴”面板中，选中某个图层并右击，在弹出的快捷菜单中选择“引导层”命令。

（2）双击图层名称前的普通图层标记，在弹出的“图层属性”对话框中，“类型”设置选择“引导层”单选按钮，并单击“确认”按钮。

普通图层转换为引导层后，引导层名称前用标记表示。

将引导层转换为普通图层的方法有两种。

（1）右击引导层，在弹出的快捷菜单中再次选择“引导层”命令，将其前面的“√”去掉。

（2）双击引导层名称前的标记，在弹出的“图层属性”对话框中，“类型”设置选择“一般”单选按钮并单击“确认”按钮。

2. 动态引导层

引导层还可以与它下方的其他图层建立链接关系，变为运动引导层，用标记表示。

引导层动画由运动引导层和被引导层两部分组成，运动引导层位于被引导层的上方，在运动引导层中可以绘制出对象的运动路径，使被引导层中的对象沿着引导层的路径运动。

创建运动引导层有两种方法，方法如下：

（1）在“时间轴”面板图层区域中右击某普通图层，在弹出的快捷菜单中选择“添加传统运动引导层”命令，则在当前图层上创建一个空白的运动引导层，并自动建立与该图层的引导关系；

（2）在时间轴面板图层区域中将某图层拖动到静态引导层右下方，建立引导层与被引导层的联系。

6.2 路径引导动画的制作

6.2.1 课前学习——汽车行驶

请扫一扫获取相关微课视频

步骤一：新建一个 Flash 文档，将图层 1 命名为“汽车”，将“汽车 .png”素材导入到舞台中，并使用“任意变形工具”，将汽车图片等比例缩小，转换为图形元件，命名为“汽车”。新建一个图层，命名为“引导层”，在该图层使用“铅笔工具”，绘制一条路径，如图 6-1 所示，在“引导层”图层的第 50 帧插入帧。在“汽车”图层的第 50 帧插入关键帧。

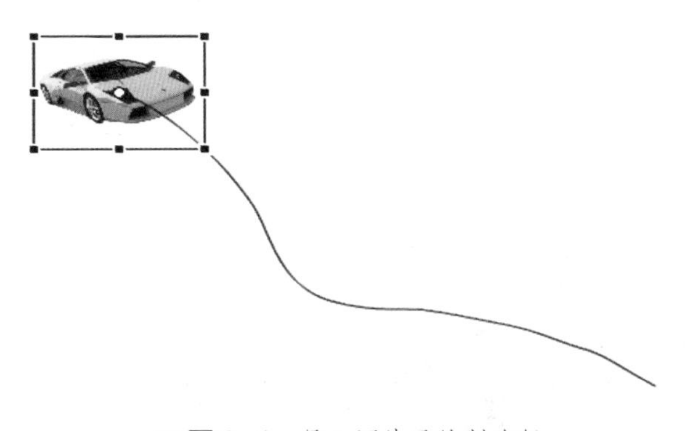

■ 图 6-1　导入图片及绘制路径

步骤二：在“汽车”图层的第 2 个帧，将“汽车”图形元件移动至路径末端，如图 6-2 所示。为了保证元件与路径贴紧，在工具栏中，选择“贴紧至对象”工具，如图 6-3 所示。在首、尾关键帧上，移动“汽车”图形元件，让其中心圆点贴紧至路径端点，在两个关键帧之间创建传统补间，让“汽车”运动起来。

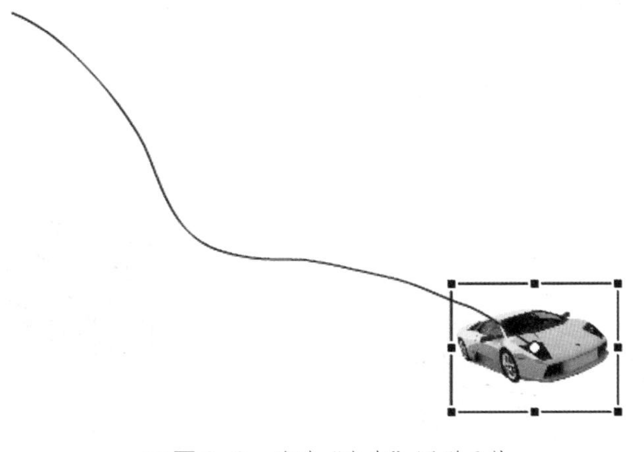

■ 图 6-2　移动“汽车”图形元件

■ 图 6-3　“贴紧至对象”工具

步骤三：在“时间轴”面板上图层区域“引导层”图层上右击，将图层设置为引导层。将“汽车”图层往右上角拖动，使其变为被引导层，“引导层”图层上出现 标记，说明设置引导层成功。时间轴上的设置见图 6-4。

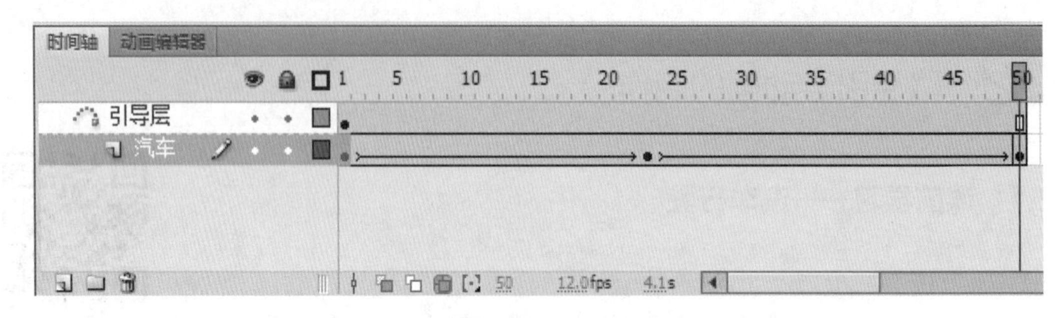

■ 图 6-4　设置引导层

步骤四：按住【Enter】键播放动画，汽车按照路径的指引进行行驶，但是汽车的行驶方向没有跟路径同步，需要在路径的中间，插入关键帧，调整汽车的车头方向，如图 6-5 所示，使汽车的行驶运动更加逼真。

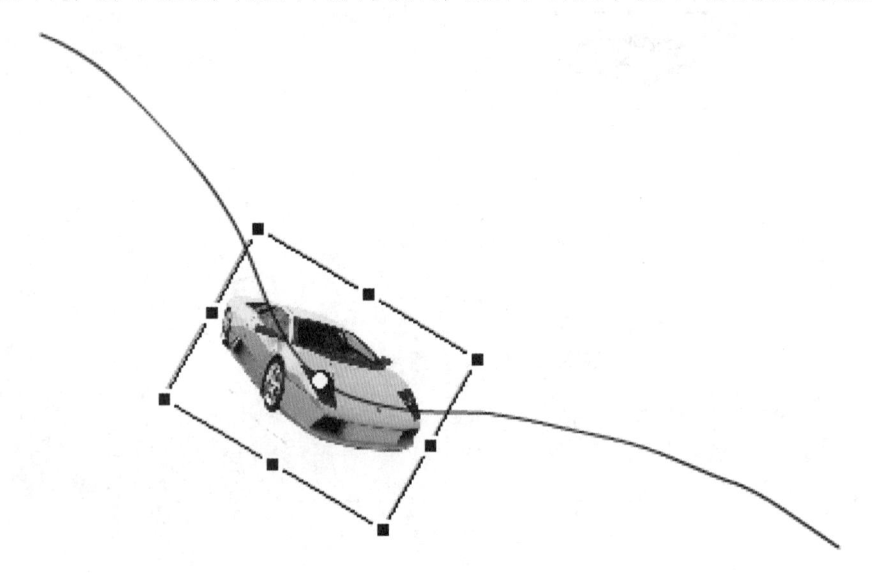

■ 图 6-5　调整汽车车身方向

最后，测试影片，引导路径消失，汽车按照路径行驶，保存文件并发布为影片。

6.2.2　课堂学习——投篮

请扫一扫获取相关微课视频

步骤一：新建一个 Flash 文档，将图层 1 命名为“篮框”，将“篮框.jpg”素材导入到舞台，并调整大小，放置在舞台右上角位置，单击“时间轴”面板上图层区域的“锁定或解除锁定所有图层”按钮将图层锁定。新建一个图层，命名为“篮球”，将“篮球.png”素材导入到舞台，调整大小，并将其转换为图形元件，命名为“篮球”，如图 6-6 所示。

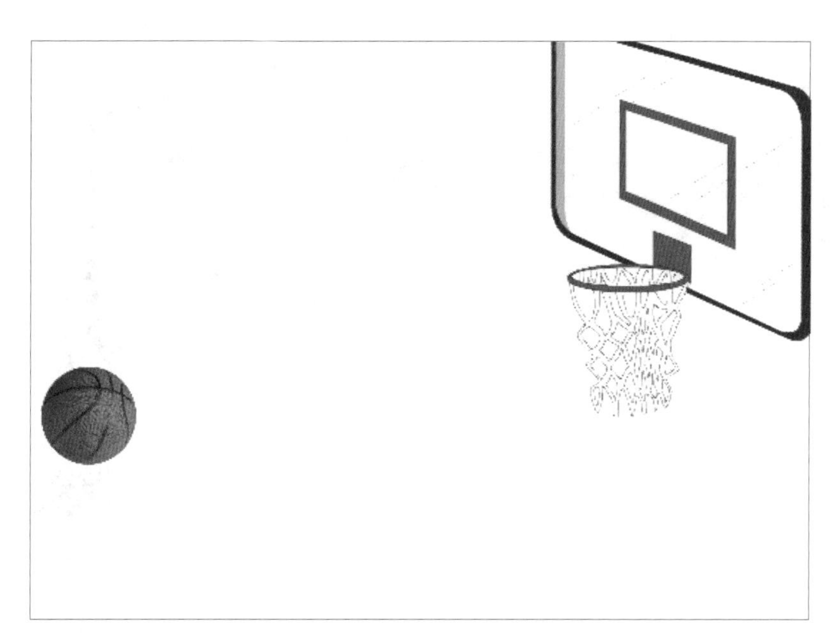

■ 图 6-6　导入素材

步骤二：新建一个图层，命名为“引导层”，使用“铅笔工具”，绘制一条如图 6-7 所示的路径，模拟篮球投篮进框的运动路径。

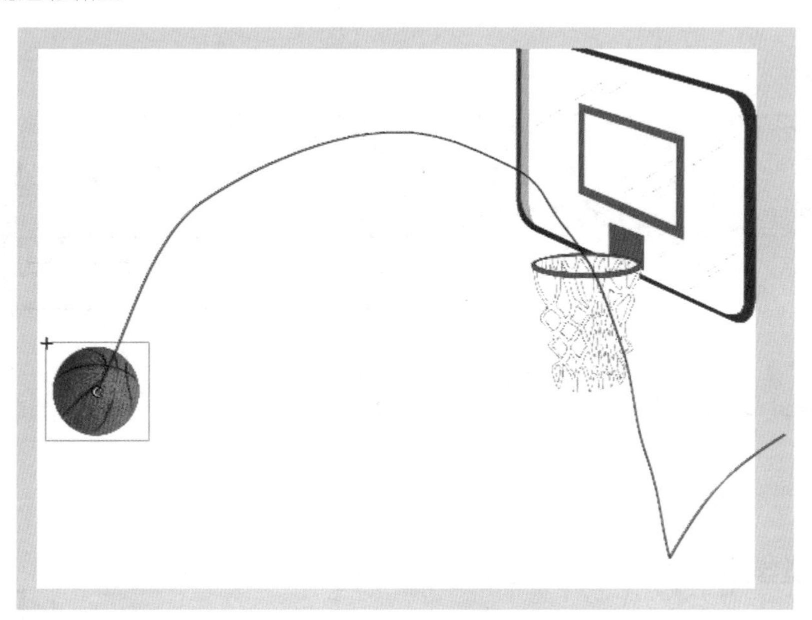

■ 图 6-7　绘制路径

步骤三：在“引导层”图层上第 30 帧，插入帧。在“篮球”图层上第 30 帧，插入关键帧，并单击“贴紧至对象”按钮，将“篮球”图形元件贴紧至路径的末端，如图 6-8 所示；在第 1 帧上，将“篮球”图形元件贴紧至路径的起始端点，在首、尾关键帧之间，创建传统补间。

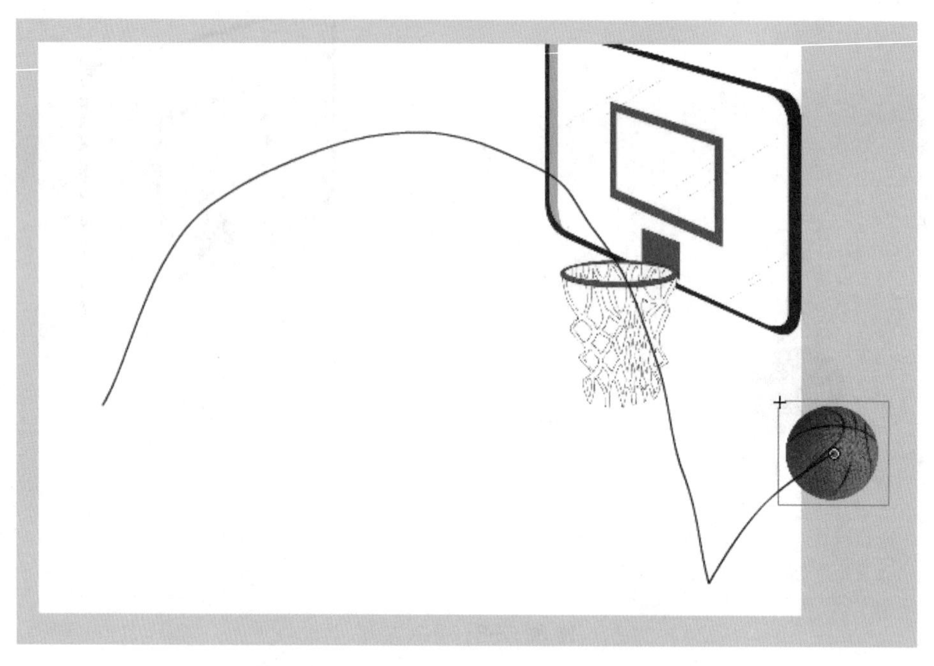

■图 6-8　移动“篮球”图形元件至路径末端

步骤四：在“引导层”图层上右击，在弹出的快捷菜单选中“引导层”命令，将图层设置为引导层。将“篮球”图层往右上角拖动，使其变为被引导层，“引导层”图层上出现 标记，说明设置引导层成功。时间轴上的设置如图 6-9 所示。

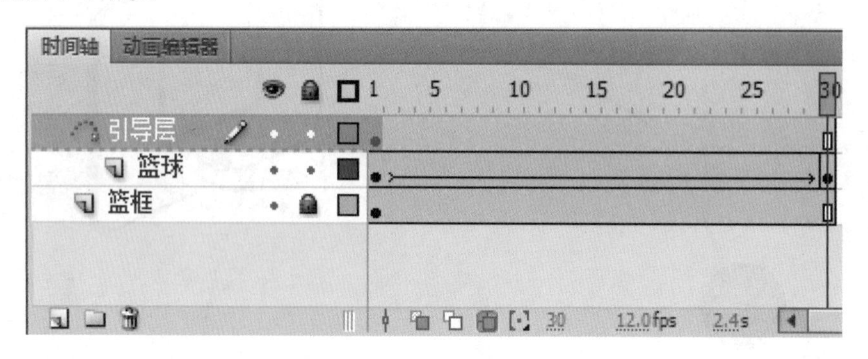

■图 6-9　设置引导层

最后，测试影片，引导路径消失，篮球按照投篮路径运动，保存文件并发布为影片。

6.2.3　课堂学习——旋转的小行星

步骤一：新建一个 Flash 文档，将图层 1 命名为“背景”，将“轨迹 .png”素材导入舞台中，调整图片大小以适应舞台尺寸。新建一个图层，命名为“行星”，将“行星 .png”素材导入到舞台中，调整大小，并将其转换为图形元件，命名为“行星”，如图 6-10 所示。

请扫一扫获取相关微课视频

■ 图 6-10　导入素材

步骤二：新建一个图层，命名为“引导层”，使用“椭圆工具”，绘制一个与背景图片上的光圈相同大小的空心圆，绘制方法如下：按【Alt+Shift】组合键，将光标定位在圆心，绘制一个正圆形，单击“时间轴”面板上图层区域的“显示或隐藏所有图层”按钮，将背景图暂时隐藏，绘制好的路径如图 6-11 所示。

步骤三：由于路径是闭合的图形，无法区分起点和终点，需要使用“橡皮擦工具”，在圆形路径上擦出一个开口，如图 6-11 所示。

步骤四：在“引导层”和“背景”图层上的第 40 帧，插入帧，在“行星”图层上的第 40 帧，插入关键帧，并单击“贴紧至对象”按钮，将“行星”图形元件贴紧至路径的末端，如图 6-12 所示；在第 1 帧上，将“行星”图形元件贴紧至路径的起始端点，在首、尾关键帧之间，创建传统补间。

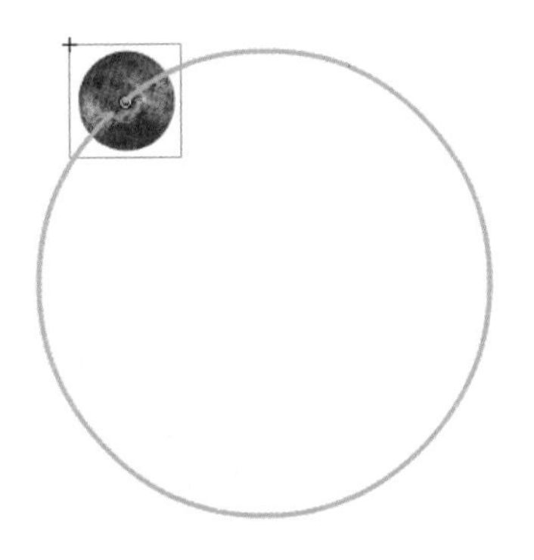

■ 图 6-11　绘制路径

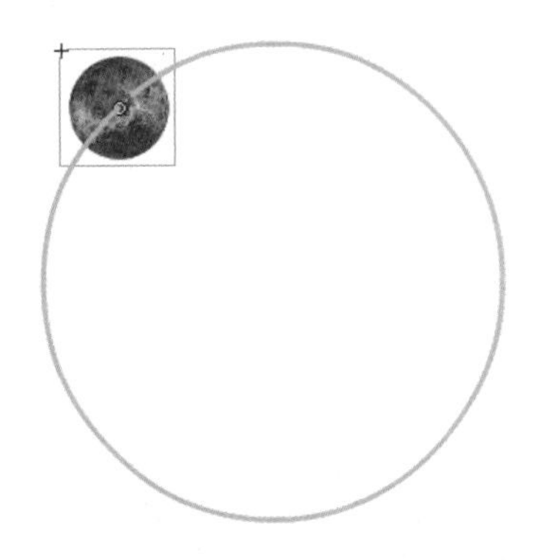

■ 图 6-12　紧贴至对象

步骤五：在“引导层”图层上右击，在弹出的快捷菜单中选择“引导层”命令，将图层设置为引导层。将“行星”图层往右上角拖动，使其变为被引导层，时间轴上的设置如图 6-13 所示。

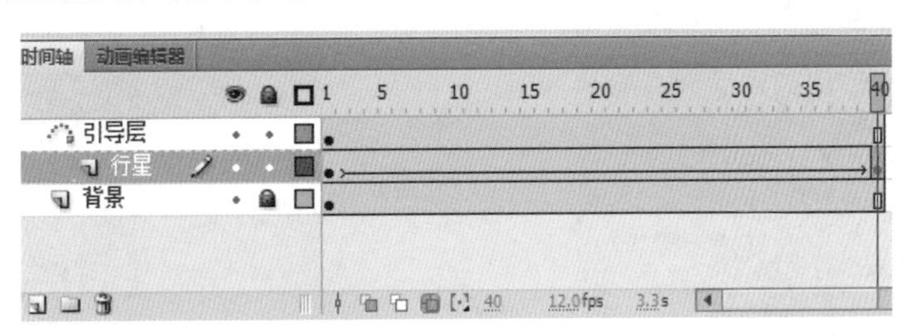

■ 图 6-13　设置引导层

6.2.4 课堂学习——花朵飘舞

请扫一扫获取
相关微课视频

步骤一：新建一个 Flash 文档，将文档属性中的背景色设置为粉色，绘制一朵白色花朵，如图 6-14 所示，将花朵图形全部选中，转换为图形元件，命名为“花朵”。

■ 图 6-14 绘制“花朵”图形元件

步骤二：新建一个图层，命名为“引导层”，使用“铅笔工具”，绘制一条路径，如图 6-15 所示。模拟花朵飘舞的运动路径。

步骤三：在“引导层”图层上第 63 帧，插入帧。在“花朵”图层上第 63 帧，插入关键帧，并单击“贴紧至对象”按钮，将“花朵”图形元件贴紧至路径的末端，如图 6-16 所示；在第 1 帧上，将“花朵”图形元件贴紧至路径的起始端点，如图 6-15 所示。在首、尾关键帧之间，创建传统补间。

■ 图 6-15 绘制路径

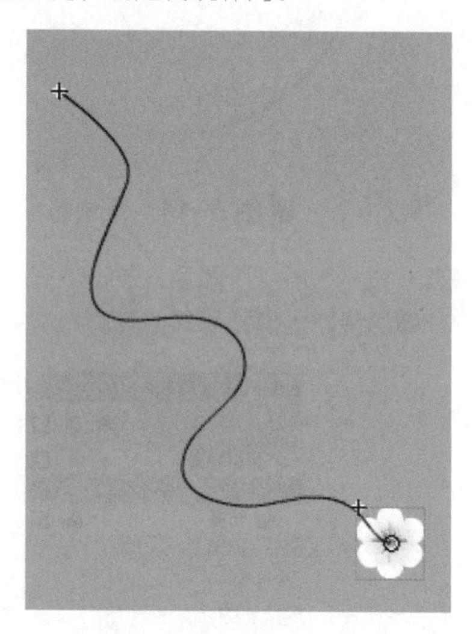

■ 图 6-16 贴紧至对象

步骤四：将“引导层”图层设置为引导层。将“花朵”图层往右上角拖动，使其变为被引导层，“引导层”图层上出现 标记，说明设置引导层成功。时间轴上的设置见图 6-17。

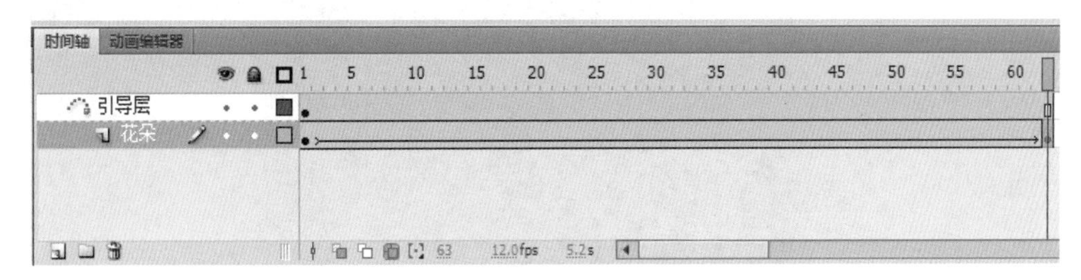

■ 图 6-17　设置引导层

步骤五：制作花朵飘舞最终消失的效果。在“花朵”图层的第 63 帧，单击“花朵”图形元件，在“属性”面板中，设置“色彩效果”的“Alpha”值为“0”，如图 6-18 所示。最后，测试影片观看效果，保存文件并发布为影片。

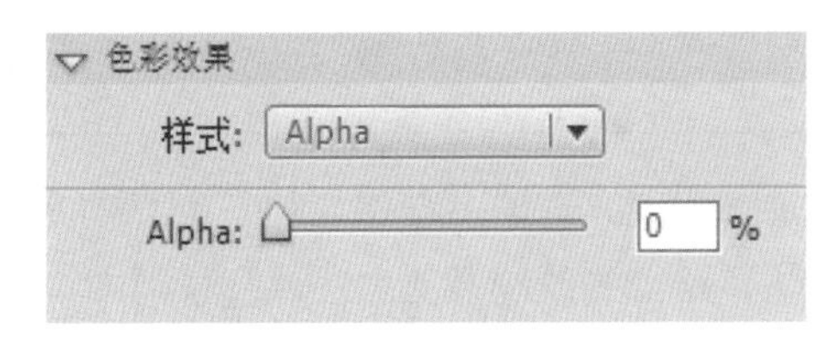

■ 图 6-18　设置透明样式

6.2.5　课堂练习——繁花飘落

通过刚才的学习，读者可以制作一朵花的飘舞效果，若要制作很多花朵纷纷飘落的效果，如图 6-19 所示，如何高效率的制作呢？请读者思考。

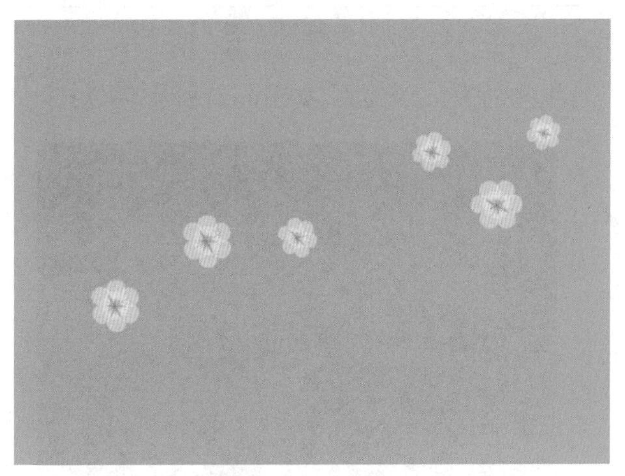

■ 图 6-19　繁花飘落

方法提示：可以创建一朵花的影片剪辑，在影片剪辑中，制作一朵花的路径引导动画。在场景中，多次复制影片剪辑，并调整大小和方向，如图 6-20 所示，即可制作繁花飘落的动画，请读者动手尝试。

■ 图 6-20　场景中复制影片剪辑

本章小结

本章学习了 Flash 高级动画制作之一的路径引导动画，在课前学习中，介绍了路径引导动画的概念，引导层的两种设置方法，路径的绘制方法。在课堂学习中，通过几个生动的实例，完成路径引导动画的制作，其中，让元件贴紧至路径，是学习的难点，只有让元件贴紧路径，才能保证被引导层按照引导层的路径运动。最后，布置了一个学习任务，即学习如何通过创建影片剪辑，高效率的制作多个元件的路径引导动画。

课后检测

操作题

请制作多个白色气泡飘舞的路径引导动画，如图 6-21 所示，可以扫一扫二维码，观看动画效果。

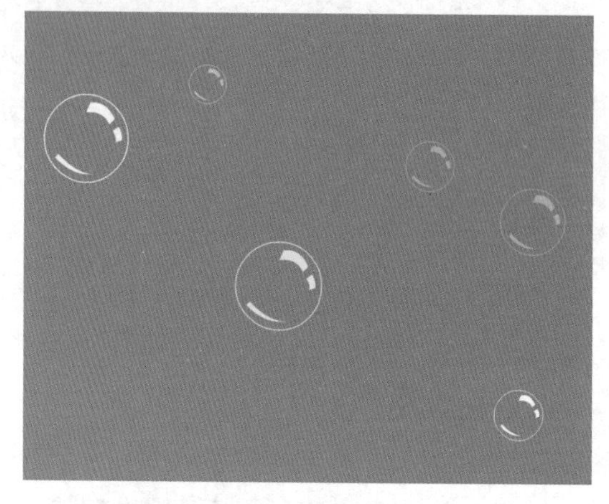

■ 图 6-21　飘舞的白色气泡

请扫一扫获取
相关微课视频

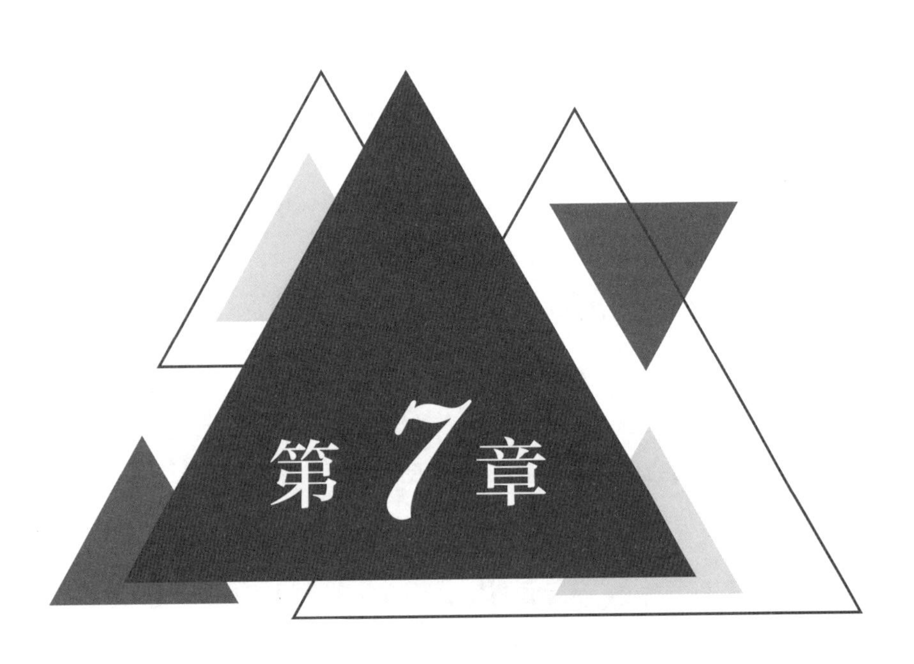

高级动画制作——蒙版（遮罩层）动画

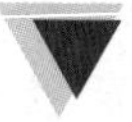

课前学习任务单

学习主题：遮罩层动画的概念

达成目标：掌握遮罩元件的绘制方法，遮罩层的设置

学习方法建议：在课前观看微课视频学习，并尝试制作一个遮罩层动画

课堂学习任务单

学习任务：制作“春联”“光线照耀文字”“旋转的地球”“探照灯文字”“贺新春”的遮罩层动画

重点难点：遮罩元件的圆心定位对于运动方向的影响

学习测试：制作“书法卷轴”遮罩层动画

7.1 遮罩层动画的概念

遮罩动画，“遮罩”顾名思义就是遮挡住下面的对象。在 Flash 中，遮罩动画是通过遮罩层有选择地显示位于其下方的被遮罩层内容，在一个遮罩动画中，遮罩层只有一个，被遮罩层可以有任意多个。在 Flash 中，对于遮罩层下的内容而言，只有被遮盖的部分才能被看到，没有被遮罩的区域反而看不到。遮罩层中的对象称为“遮罩物”，几乎一切具有可见面积的内容都可以作为遮罩层中的遮罩物，而声音或笔触（没有面积）则不能作为遮罩物。需要注意的是，一个遮罩层中只能存在一个遮罩物。也就是说，只能在一个遮罩层中放置一个文本对象、影片剪辑实例或其他东西。遮罩层中的遮罩物就像是一些孔，透过这些孔，可以看到处于被遮罩层中的内容。遮罩层的基本原理是：能够透过该图层中的对象看到被遮罩层中的对象及其属性（包括它们的变形效果），但是遮罩的对象的许多属性，如渐变色、透明度、颜色和线条样式等却是被忽略的。例如，不能通过遮罩层的渐变色来实现被遮罩层的渐变色变化。 要在场景中显示遮罩效果，可以锁定遮罩层和被遮罩层。

7.2 遮罩层动画的制作

7.2.1 课前学习——流光溢彩文字

请扫一扫获取相关微课视频

步骤一：新建一个 Flash 文档，将文档属性中的尺寸设置为 550 像素 *200 像素，背景颜色为白色。在舞台中，将图层 1 命名为“遮罩层”，使用“文本工具”输入“FASHION”，字体系列为“Franklin Gothic Heavy”，大小为 73 点，如图 7-1 所示，将其转换为图形元件，命名为“遮罩”。

步骤二：新建一个图层，命名为“七彩矩形”，将其移动至“遮罩层”图层下方。绘制一个比文字面积大一些的矩形，并填充七彩渐变色，如图 7-2 所示。将其转换为图形元件，命名为“七彩矩形”。

FASHION

■ 图 7-1　输入文字

■ 图 7-2　七彩渐变色矩形

步骤三：在时间轴上第 50 帧插入关键帧，将“七彩矩形”图形元件移动至如图 7-3 的位置。在两个关键帧之间创建传统补间。

■ 图 7-3　创建传统补间动画

步骤四：在“遮罩层”图层上右击，在弹出手的快捷菜单中选择“遮罩层”命令，将其设置为遮罩层，在第 50 帧插入帧，时间轴的设置见图 7-4，最终，影片运行效果见图 7-5。

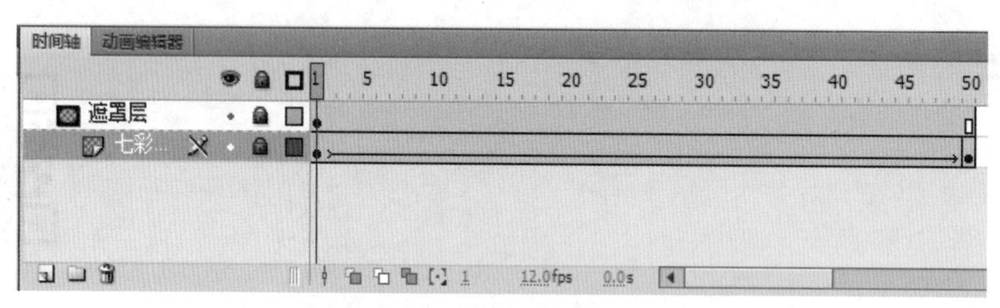

■ 图 7-4　“时间轴”的设置

FASHION

■ 图 7-5　最终效果

7.2.2　课堂学习——春联

请扫一扫获取相关微课视频

步骤一：新建一个 Flash 文档，将 png 格式的素材图片导入到库里，把图层 1 命名为"背景"，填充"橘色 - 黄色"的线性渐变色。新建一个图层，命名为"上联"，将"上联 .png"从库中拖至舞台。新建一个图层，命名为"遮罩层"，绘制一个如图 7-6 所示的绿色矩形，并将其转换为图形元件，命名为"遮罩层 1"，使用"任意变形工具"，将绿色矩形的圆心移动至顶边的中点处，如图 7-7 所示。在该图层第 30 帧插入关键帧，使用"任意变形工具"将绿色矩形的底边拉伸至如图 7-8 的位置，将上联全部遮住。

步骤二：将"遮罩层"设置为遮罩层，按【Enter】键播放动画，效果见图 7-9，"上联"由上至下慢慢展开。

步骤三："下联"的制作方法同步骤一和步骤二，这里将不再冗述。接下来，制作"横批"的遮罩层动画。新建一个图层，命名为"横批"，在图层中第 60 帧插入空白关键帧，将"横批 .png"从库中拖至舞台。新建一个图层，命名为"遮罩层"，绘制一个如图 7-10 所示的绿色矩形，并将其转换为图形元件，命名为"遮罩层 2"，使用"任意变形工具"，将绿色矩形的圆心移动至左边的中点处，如图 7-10 所示。在该图层上第 85 帧插入关键帧，将绿色矩形的右边拉伸至如图 7-11 的位置，将横批全部遮住。

■ 图 7-6　绿色矩形 1

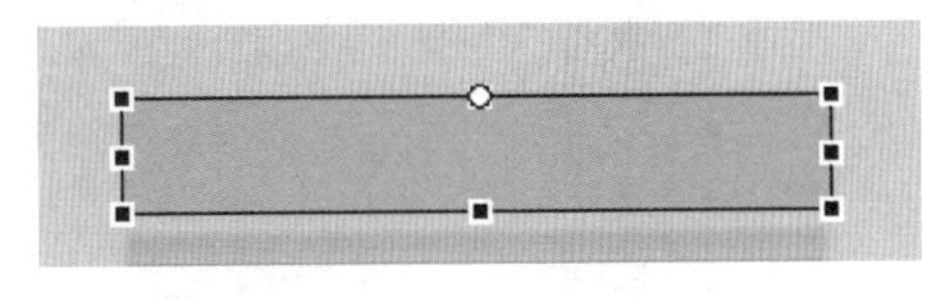

■ 图 7-7　移动圆心位置

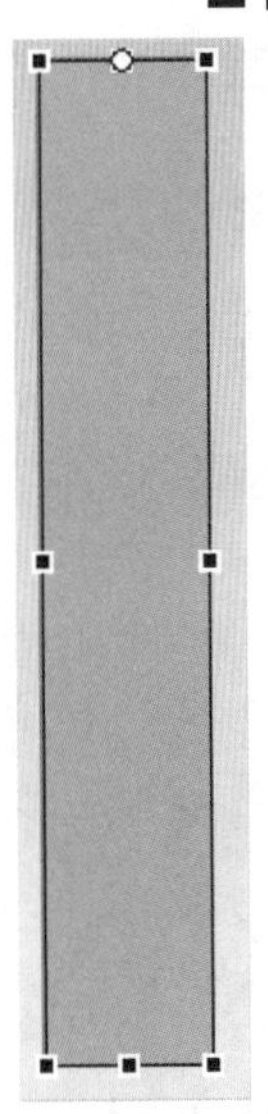

■ 图 7-8　拉伸矩形长度

■ 图 7-9　遮罩层动画效果

■ 图 7-10　绿色矩形 2

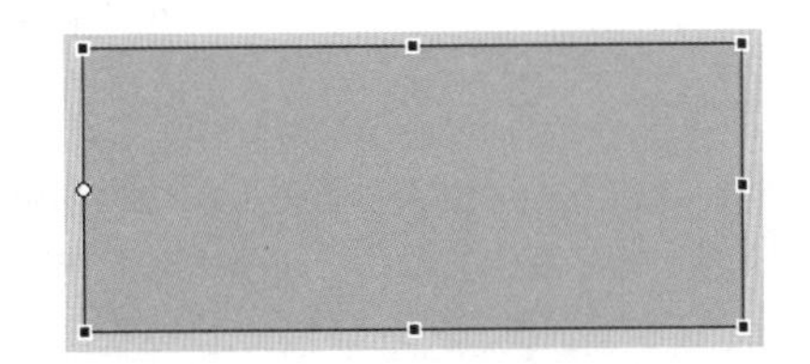

■ 图 7-11　拉伸矩形宽度

步骤四：将“遮罩层”设置为遮罩层，按【Enter】键播放动画，横批由左至右慢慢展开。接下来，将“福字.png”放置舞台中央，并转换为图形元件，制作“福”字顺时针旋转的传统补间动画。最后，按住【Ctrl+Enter】组合键测试影片，最终效果见图 7-12。

■ 图 7-12　最终效果

7.2.3　课堂学习——光线照耀文字

请扫一扫获取
相关微课视频

步骤一：将图层 1 命名为“背景”，在舞台中右击，选择“文档属性”命令，将背景色设置为绿色。新建一个图层，命名为“文字”，输入蓝色文字“FLASH 动画制作翻转课堂”，如图 7-13 所示。并将文字转换为图形元件，命名为“文字”。

■ 图 7-13　输入文字

步骤二：新建一个图层，命名为“光线”，打开“颜色”面板，设置线性渐变色，头部和尾部的两个色标为白色，Alpha 设置为 14%，中间的色标设置为白色，Alpha 设置为 100%，如图 7-14 所示。绘制一个矩形，填充设置好的线性渐变色，并使用“任意变形工具”，旋转矩形，最终效果见图 7-15。将矩形转换为图形元件，命名为“光线”。在“时间轴”上第 1 帧，移动“光线”图形元件至文字的左边，如图 7-16 所示。

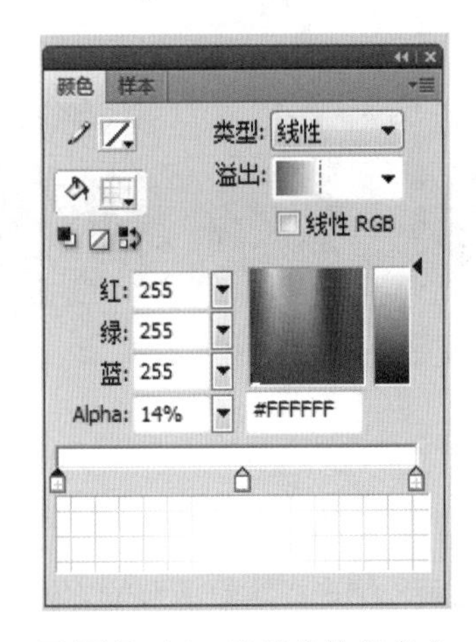

■ 图 7-14　设置线性渐变色

■ 图 7-15　“光线”图形元件

■ 图 7-16　第 1 帧上“光线”图形元件的位置

步骤三：在“光线”图层上第 50 帧插入关键帧，将“光线”图形元件移动至文字的尾部，如图 7-17 所示。在两个关键帧之间创建传统补间，“光线”图形元件从左至右运动。

■ 图 7-17　第 50 帧上“光线”图形元件的位置

步骤四：新建一个图层，命名为“遮罩层”，将“文字”图层上的文字选中并复制，在“遮罩层”图层中按【Ctrl+Shift+V】组合键，将文字图形元件粘贴，将“遮罩层”设置为遮罩层，时间轴的设置见图 7-18。按【Ctrl+Enter】组合键测试影片，动画最终效果见图 7-19。

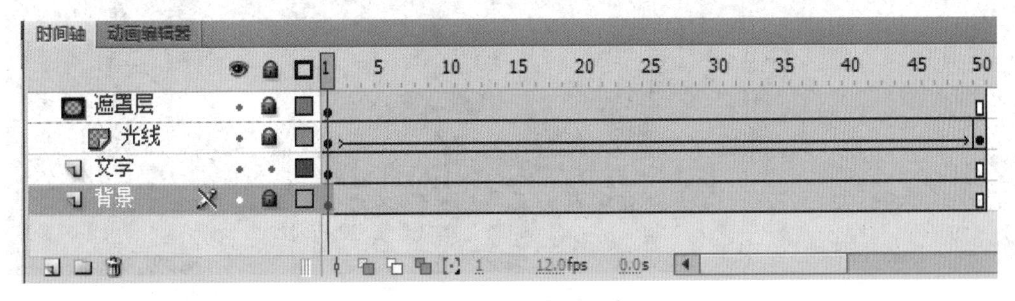

■ 图 7-18　“时间轴”的设置

■ 图 7-19　最终效果

7.2.4　课堂学习——探照灯文字

请扫一扫获取相关微课视频

通过制作遮罩层，完成如图 7-20 的探照灯文字动画，圆形探照灯所照耀之处，文字变亮。

■ 图 7-20　最终效果

步骤一：将图层 1 命名为“背景 1”，将文档属性中的背景色设置为黑色，并输入文字“FLASH”，使用深灰色填充字体，如图 7-21 所示。新建一个图层，命名为“背景 2”，将背景填充为“灰——白——灰”的线性渐变，并输入文字“FLASH”，使用浅灰色填充字体，如图 7-22 所示。

■ 图 7-21　背景 1

■ 图 7-22　背景 2

步骤二：新建一个图层，命名为“遮罩层”，将“遮罩层”设置为遮罩层，绘制一个如图 7-23 所示的正圆形，并转换为图形元件，命名为“探照灯”。在图层上第 40 帧的位置插入关键帧，将“探照灯”图形元件移动至文字的尾部，如图 7-24 所示。

■ 图 7-23　“圆形”探照灯图形元件

■ 图 7-24　第 40 帧上探照灯的位置

步骤三：在两个关键帧之间创建传统补间，使“探照灯”图形元件从左至右移动。

步骤四：保存文件，并导出影片，最终效果见图 7-20。

7.2.5 课堂学习——旋转的地球

请扫一扫获取
相关微课视频

步骤一：新建一个 Flash 文档，将“文档属性”中的背景色设置为黑色。将“地图 .jpg”素材导入到库中，将图层 1 命名为“地图”，把“地图 .jpg”拖动至舞台中央，如图 7-25 所示。将其转换为图形元件，命名为“地图”。

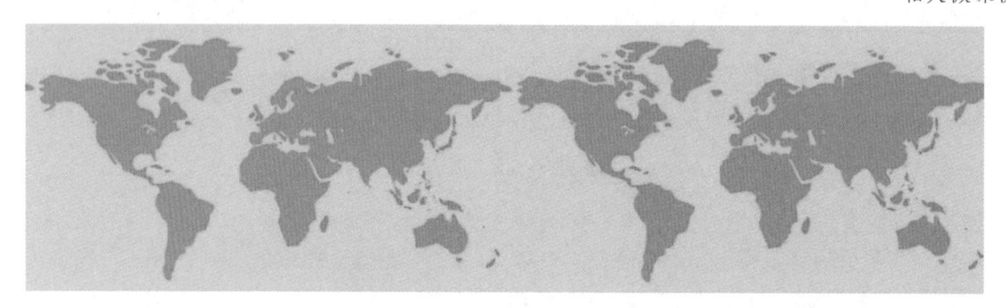

■ 图 7-25 “地图”图形元件

步骤二：新建一个图层，命名为“地球”，在舞台中绘制一个直径比地图高度要小一些的正圆形，并将其转换为图形元件，命名为“地球”，如图 7-26 所示。

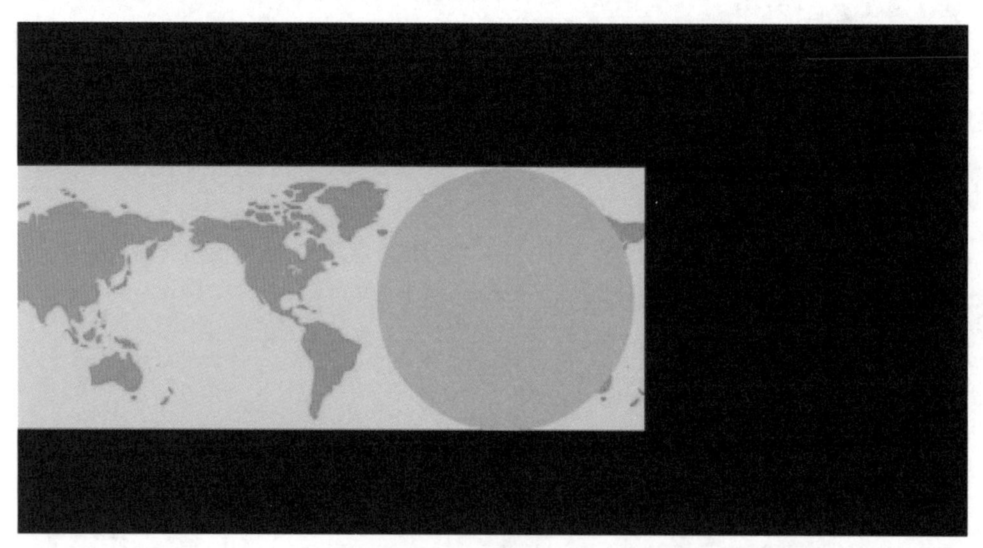

■ 图 7-26 “地球”图形元件

步骤三：在“地图”图层的第 1 帧上，让“地图”图形元件的右边紧挨着“地球”图形元件，如图 7-26 所示。在第 30 帧插入关键帧，水平移动“地图”图形元件，使其左边紧挨着“地球”图形元件，如图 7-27 所示。在两个关键帧之间创建传统补间，将“地球”图层设置为遮罩层，播放影片，地球“转动”。

步骤四：为了使“地球”看起来更真实，需要添加一个放射状渐变色，打开“颜色”面板，选择“放射状”类型，第一个色标设置为深蓝色，Alpha 值为 0，第二个色标设置为深蓝色，Alpha 值为 62%，如图 7-28 所示。新建图层，重命名为“蓝色”，在“地球”图形元件所在的位置，绘制一个同样大小的圆，最终效果见图 7-29，时间轴上的设置见图 7-30。

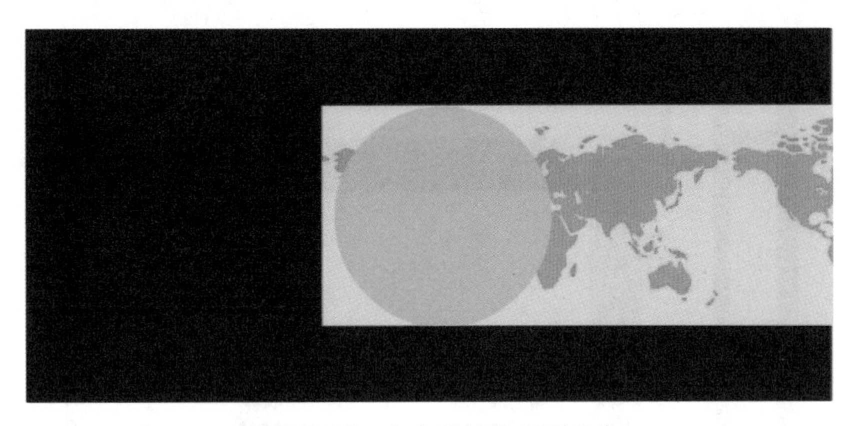

■ 图 7-27　移动“地图”图形元件

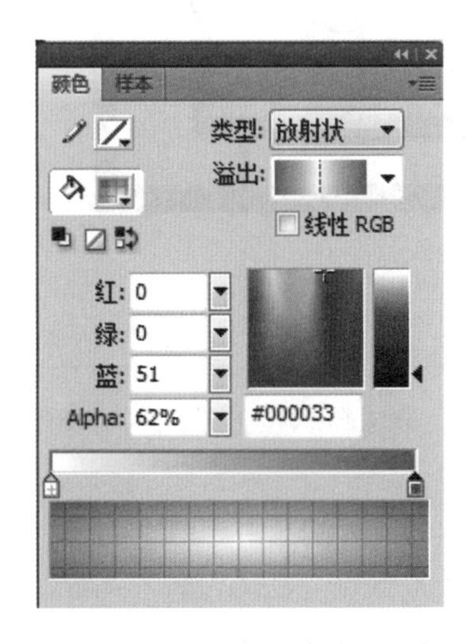

■ 图 7-28　设置“颜色”面板

■ 图 7-29　最终效果

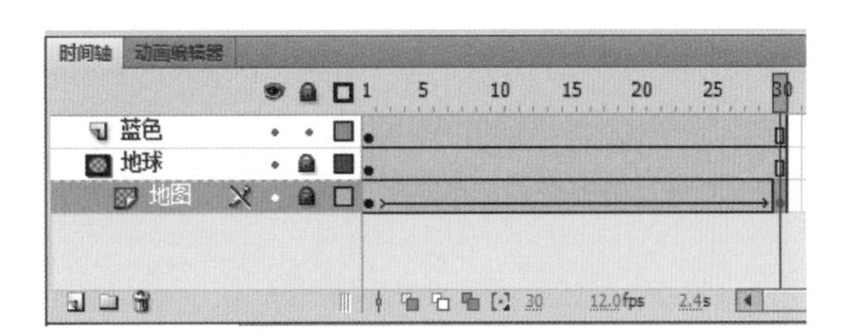

■ 图 7-30　“时间轴”的设置

7.2.6　课堂练习——贺新春

请制作一个如图 7-31 的蒙版（遮罩层）动画，窗户慢慢展开，春联缓慢出现，可以扫描二维码，观看动画演示效果。

请扫一扫获取
相关微课视频

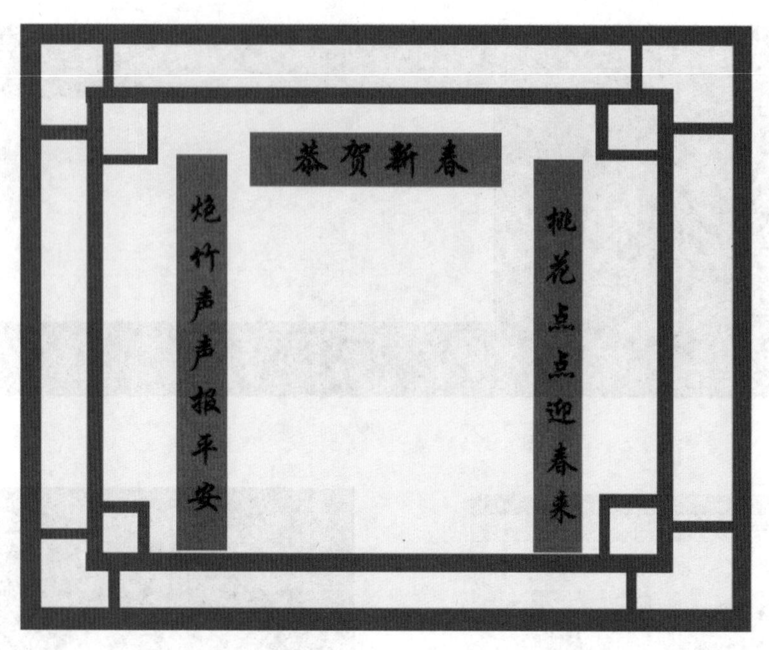

■ 图 7-31　贺新春动画

本章小结

遮罩层可以将与遮罩层相链接的图层中的图像遮盖。读者可以将多个层组合放在一个遮罩层下，以创建出多样的效果。

遮罩层中的图形对象看作是透明的，可以透过遮罩层内的图形看到被遮罩层的内容，遮罩层中图形对象以外的区域将遮盖被遮罩层的内容。相当于要在遮罩层中设置各种形状的“孔洞”，只有在“孔洞”处才能显示被遮罩层相应部分的内容。在遮罩层或被遮罩层中都可以制作各种动画效果。

在遮罩层中，遮罩项目可以是填充的形状、文字对象、图形元件实例或影片剪辑元件实例。一个遮罩层只能包含一个遮罩项目。遮罩层不能用在按钮内部，也不能将一个遮罩应用于另一个遮罩。将多个图层组织在一个遮罩层下可创建复杂的效果。

课后检测

操作题

请制作如图 7-32 的遮罩层动画，书法卷轴从中间往两边慢慢展开，可以扫描二维码，观看动画演示效果。

请扫一扫获取
相关微课视频

■图 7-32　书法卷轴动画

按钮元件的制作及视频的播放控制

课前学习任务单

学习主题：按钮元件的制作

达成目标：了解动态效果的按钮制作方法

学习方法建议：在课前对教材 8.1 节的内容进行学习

课堂学习任务单

学习任务：制作网页导航栏

重点难点："鼠标经过"帧的动画制作

学习测试：制作嵌套影片剪辑的按钮元件

8.1 课前学习——按钮的制作

在 Flash 创作中加入的元件有三种，分别是：影片剪辑、按钮和图形。创建按钮元件大致有几下几步。

1. 新建一个图层，并在图层想要加入按钮的位置添加空白关键帧，选中此关键帧后，在菜单栏选择“插入”|“新建元件”命令，在弹出的对话框中，“类型”的下拉列表中选中“按钮”选项，单击“确定”按钮。

2. 有两种建立按钮的方法：一是直接选择“按钮”选项，单击“确定”按钮便可以进入按钮编辑区，然后返回工作区，直接在“窗口”中选公用库，在公用库里有默认的按钮样式，选取需要的按钮，然后把按钮拖动到舞台中，如图 8-1 所示。

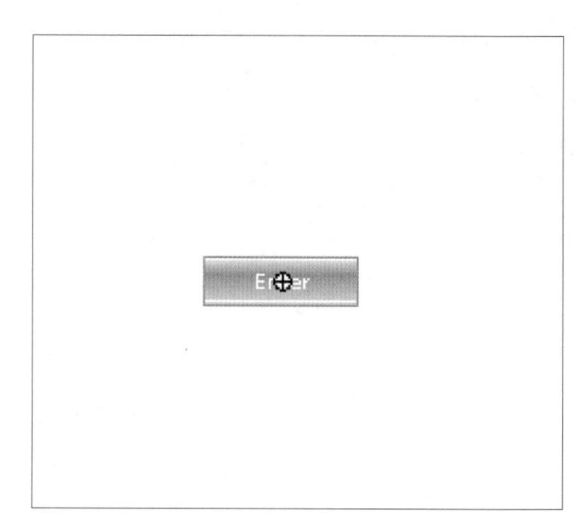

■ 图 8-1 公用库中的按钮元件

二是单击“确定”按钮后，进入按钮编辑区，并用图形工具画出所需要的图形或是文本工具写出文字，便可以建立自定义按钮，如图 8-2 所示。

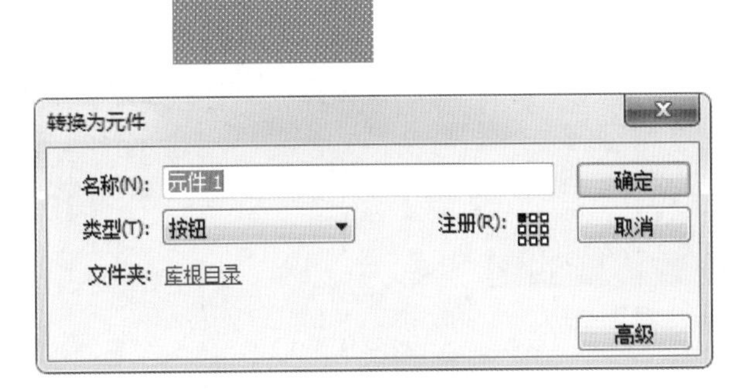

■ 图 8-2　建立自定义按钮

3. 通过以上的方法建立按钮后，在“时间轴”面板上出现弹起、指针经过、按下和点击 4 个帧，其中第 1 帧（弹起）为关键帧，即为建立的按钮的关键帧（默认）第 1 帧，从第 2 帧到第 4 帧均为空白帧，复制第 1 个关键帧（在图层上第一个关键帧的小黑点）分别粘贴到第 2 个到第 4 个空白帧上，这样就形成了 4 个关键帧的逐帧动画，如图 8-3 所示。

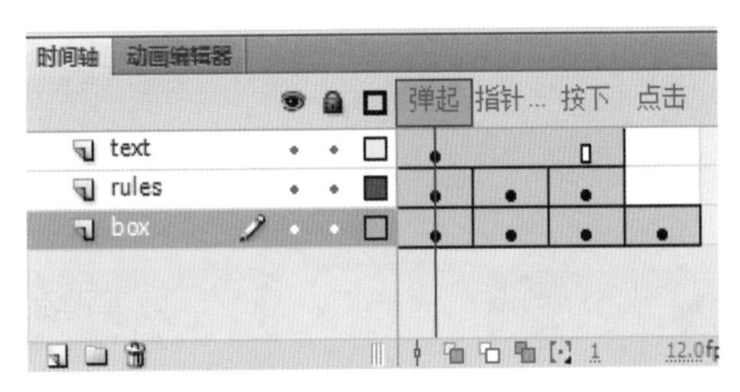

■ 图 8-3　创建 3 个关键帧

4. 对创建好的 4 个关键帧对应的按钮进行颜色设置（与在工作区内建立图形元件时设置颜色方法相同），然后分别单击设置好颜色的 4 个关键帧，当鼠标滑过、单击时会有不同颜色的交替变化。

5. 对按钮编辑完成后，便会在库中生成按钮元件，然后直接回到 Flash 工作区，插入空白关键帧，并把库中的按钮拖动到舞台的适当位置，完成按钮的添加。

8.2 课堂学习——网页导航栏的制作

请扫一扫获取相关微课视频

使用 Flash 制作网页的导航栏，动态效果更好，页面显得更加生动活泼，下面介绍一种利用 Flash 制作网页导航栏的方法，并介绍在按钮中添加超级链接的方法。最终效果见图 8-4，指针经过文字内容，背景颜色变为粉红色，文字颜色变为白色，可以扫一扫二维码观看动画效果。

步骤一：新建一个Flash文档（Action Script 2.0），将"文档属性"中的尺寸设置为150像素*200像素，在菜单栏上单击"插入"→"新建元件"→"按钮"，命名为"课程介绍"。在打开的按钮编辑区中，新建3个图层，分别命名为"背景""文字""三角"，在"弹起"帧上，"三角"图层绘制如图8-5的粉色三角形，在"文字"图层上输入文字"课程介绍"。

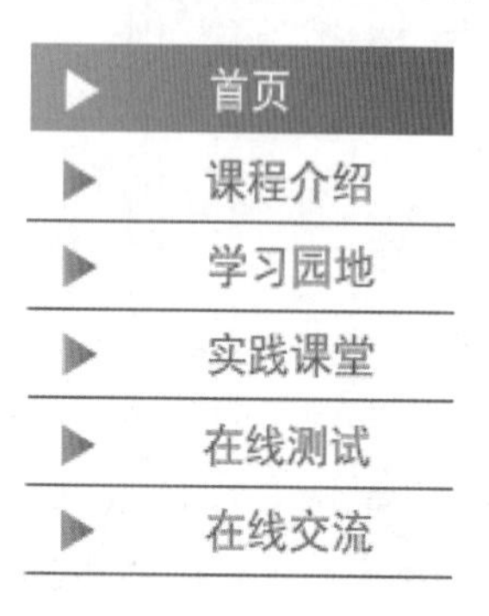

■ 图8-4 最终效果

■ 图8-5 "弹起"帧上的内容

步骤二：在"指针经过"帧上，在"背景"图层插入空白关键帧，绘制一个如图8-6的粉色渐变色矩形；在"三角"图层上，插入关键帧，并将三角的颜色修改为白色；在"文字"图层上，插入关键帧，将文字颜色修改为白色，如图8-6所示。

步骤三：在"按下"帧上，在"背景"图层插入关键帧；在"文字"图层插入关键帧，将文字颜色修改为灰色，如图8-7所示。

■ 图8-6 "指针经过"帧上的内容

■ 图8-7 "按下"帧上的内容

步骤四：新建一个图层，命名为"声音"，在前4个帧上都插入空白关键帧，将光标定位在"指针经过"，如图8-8所示。在菜单栏"窗口"→"公用库"→"sound"，打开声音公用库，从库中寻找一种指针经过按钮的声音，选择"Sports Golf Club Hit Golf Ball 01.mp3"作为按钮的声音，如图8-9所示，将MP3文件从公用库中拖动至舞台中。若要替换声音，可以在"属性"面板中，将"声音"栏的"名称"下拉菜单打开，选择其他声音文件，如图8-10所示。

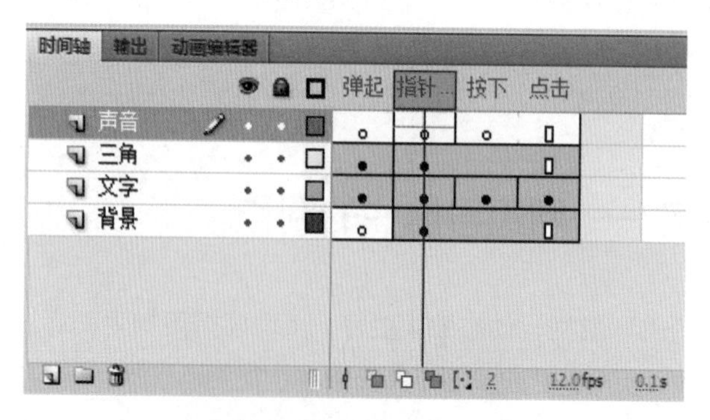

■ 图8-8 "时间轴"的设置

步骤五：使用相同的制作方法，制作其他按钮元件，最后回到场景 1，把所有按钮元件排列在舞台中，并绘制 5 条黑色直线，将按钮元件分隔开，如图 8-11 所示。

■ 图 8-9　声音公用库

■ 图 8-10　“属性”面板上的声音设置

■ 图 8-11　在场景 1 中添加所有按钮元件

步骤六：为按钮元件添加超级链接，为了在单击按钮时，能链接至相应的网页，在其中一个按钮上右击，选择“动作”命令，打开“动作”面板，在面板中输入 Action Script 2.0 代码，如图 8-12 所示。

```
on(release){getURL("课程介绍 .html", "_blank");}
```

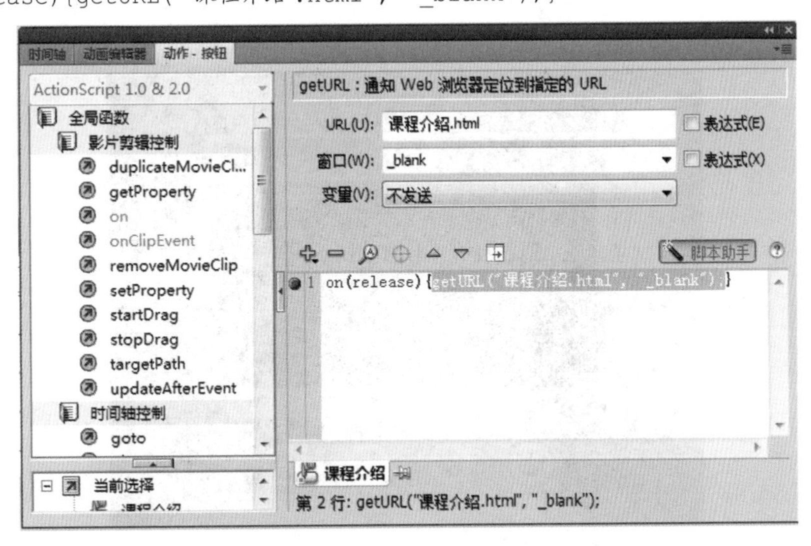

■ 图 8-12　“动作”面板上的 2.0 代码

代码解释：单击按钮，链接至“课程介绍 .html”网页，并以新的空白网页打开。其中，网址可以输入其他的地址进行测试，如 www.hao123.com。

8.3 课堂学习——视频的导入及播放控制

请扫一扫获取相关微课视频

在 Flash 中，可以导入视频，并通过回放组件或自定义按钮来控制视频的播放。接下来，制作一个新闻视频播放动画，最终效果见图 8-13，可以扫一扫二维码观看动画效果。

■ 图 8-13　最终效果

步骤一：新建一个 Flash 文件（Action Script 2.0），“文档属性”中的尺寸设置为 1024 像素 *768 像素，并将背景颜色设置为 #1E2A38。将图层 1 命名为“背景”，将“bg.jpg”素材导入到库中，并拖动至舞台中，刚好布满舞台，如图 8-14 所示。

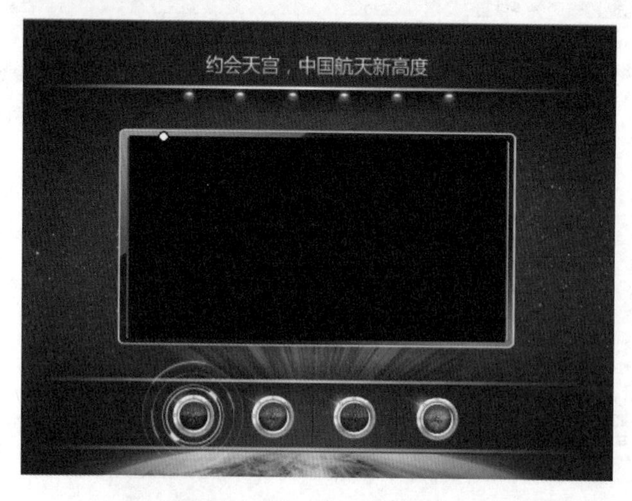

■ 图 8-14　导入背景图片

步骤二：新建一个图层，命名为“视频”，在菜单栏选择“文件”→“导入”→“导入视频”，打开“导入视频”对话框，首先选择视频，点击文件路径“浏览”按钮，找到“神舟十号发射精彩集锦 .flv”文件，可以选中“使用回放组件加载外部视频”单选按钮，使用 Flash 自带的回放组件控制视频的播放，如图 8-15 所示。也可以选中“在 SWF 中嵌入 FLV 并在时间轴中播放”单选按钮，将视频转换为时间轴上的帧，作为动画的一部分，如图 8-16 所示。

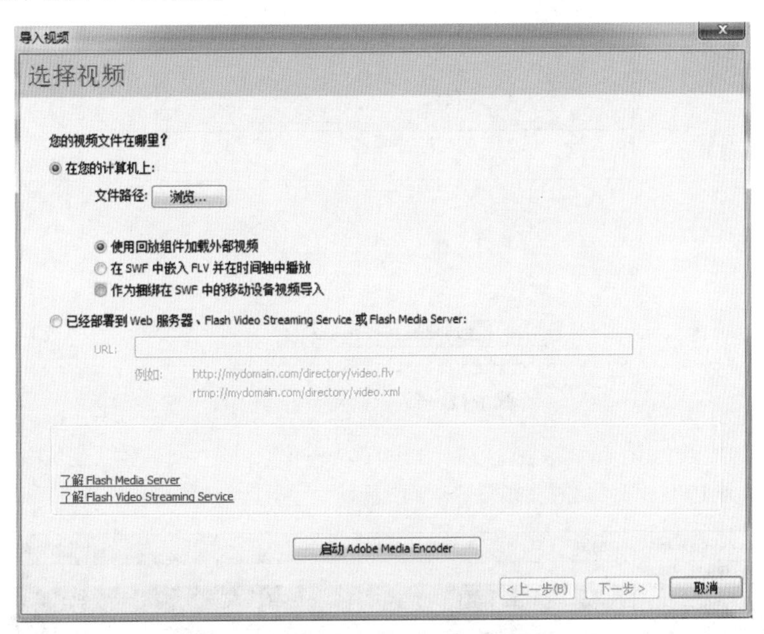

■ 图 8-15　使用回放组件加载外部视频

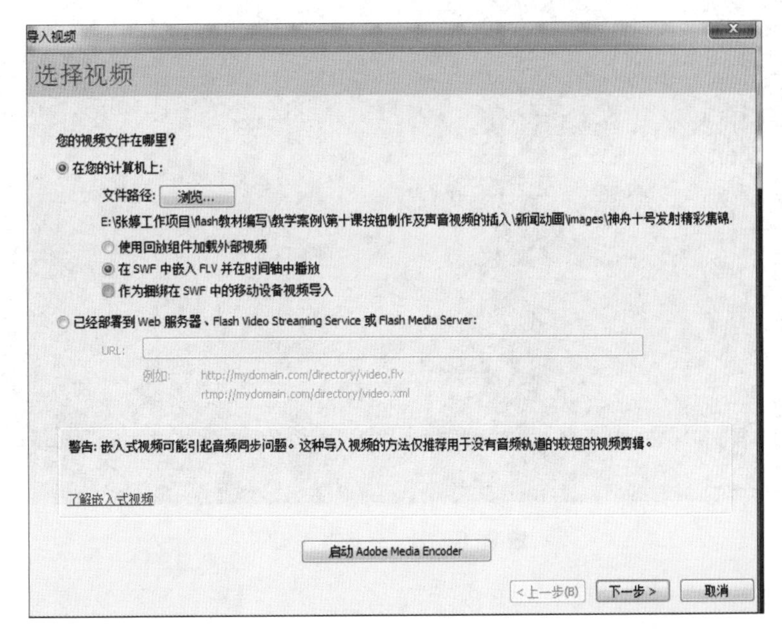

■ 图 8-16　在 SWF 中嵌入 FLV 并在时间轴中播放

步骤三：若导出的视频不是 FLV 格式，则需要启动“Adobe Media Encoder”进行转码，单击“启动 Adobe Media Encoder”按钮，系统会自动安装导出器，如图 8-17 所示。

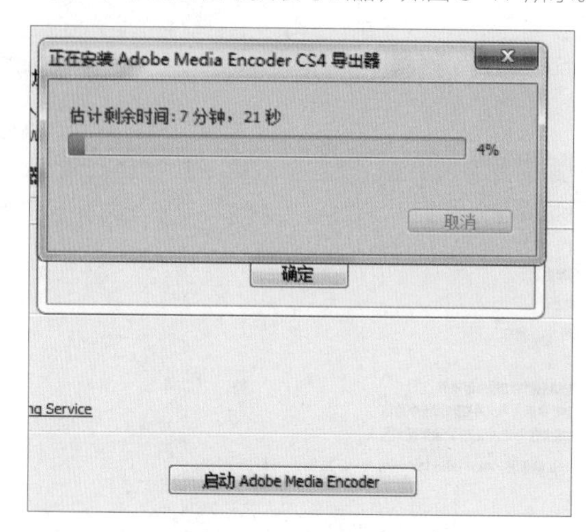

■ 图 8-17　安装导出器

安装成功后，弹出 Adobe Media Encoder cs4 导出器界面，单击“开始队列”按钮即可将其他格式转换为可用于 Flash 播放的 FLV 格式，如图 8-18 所示。

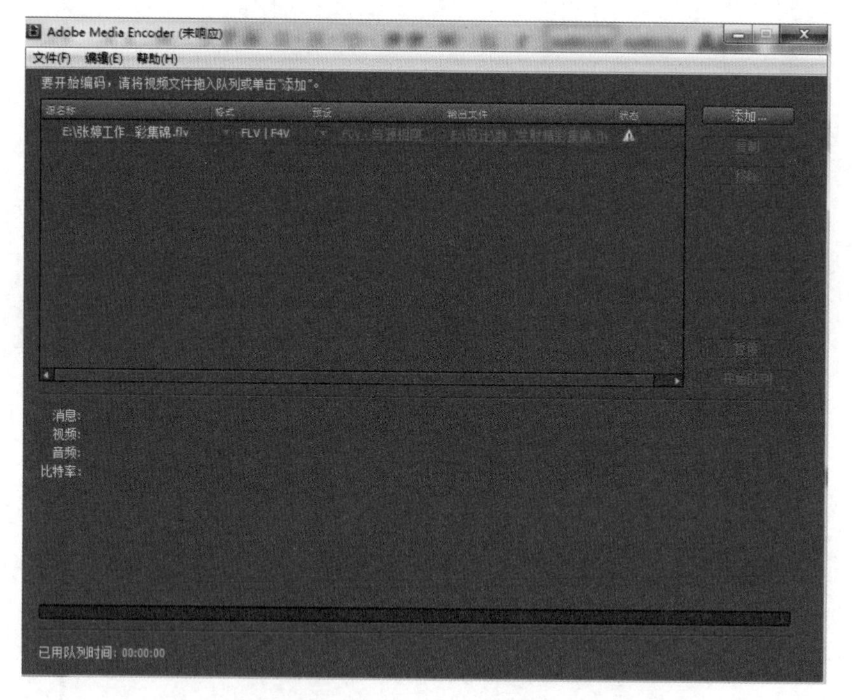

■ 图 8-18　转码器界面

步骤四：转码成功后，单击“下一步”按钮，进入到外观设置，若之前选择了“使用回放组件加载外部视频”，则可以为回放组件选择一种外观，并可以实时预览效果，如图 8-19 所示。

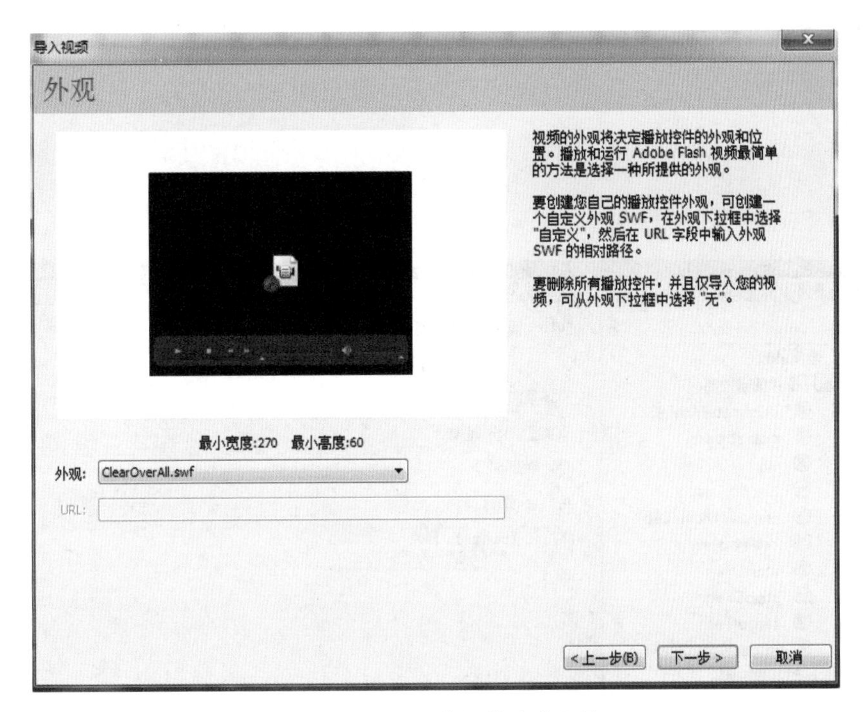

■ 图 8-19　回放组件外观设置

步骤五：最后单击“完成”按钮即可导出视频。新建一个图层，命名为“按钮”，在菜单栏上选择“插入”→“新建元件”→“按钮”，命名为“重播”，打开按钮编辑区，新建 3 个图层，分别命名“文字”“圆圈”“声音”，制作文字在“指针经过”时变大，“圆圈”影片剪辑在“指针经过”时不断扩大，并在“声音”图层的“指针经过”帧上插入空白关键帧，插入声音公用库中的某种声音文件，按钮编辑区中的时间轴设置见图 8-20。

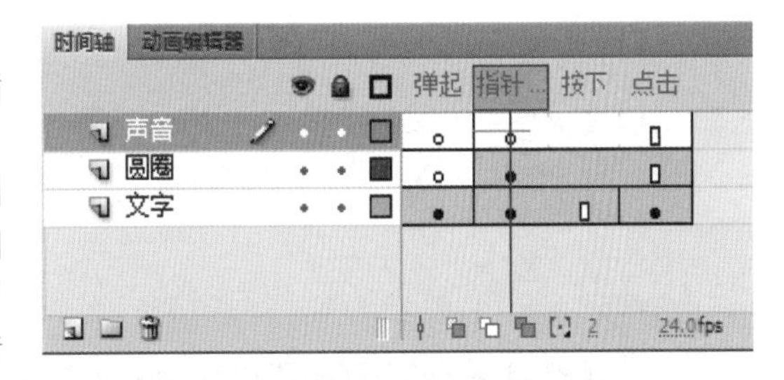

■ 图 8-20　按钮编辑区中的时间轴设置

步骤六：使用相同的制作方法，制作其他按钮元件“暂停”“继续”和“返回”，并放置在场景 1 当中，如图 8-21 所示。或者在库中选择“重播”按钮元件，右击并选中“直接复制”命令，复制出其他按钮元件，只需要在对应的按钮编辑区中，将文字进行修改即可。

■ 图 8-21　制作其他按钮元件

步骤七：为每一个按钮编写动作代码，控制视频的播放。首先，在“重播”按钮元件上右击选择“动作”命令，打开“动作”面板，输入代码，如图 8-22 所示。

```
on (press) {
    gotoAndPlay(1);
}
```

代码解释：单击时，转到并播放第 1 帧的内容，即重播。

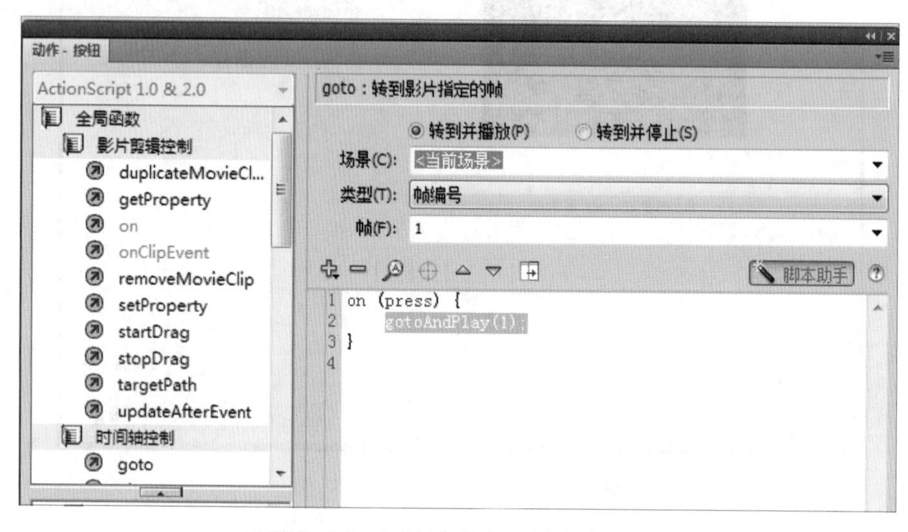

■ 图 8-22 “重播”按钮元件的动作代码

在“暂停”按钮元件上右击选择“动作”命令，打开“动作”面板，输入代码，如图 8-23 所示。

```
on (press) {
    stop();
}
```

代码解释：单击时，不管播放至哪一帧，立即暂停播放。

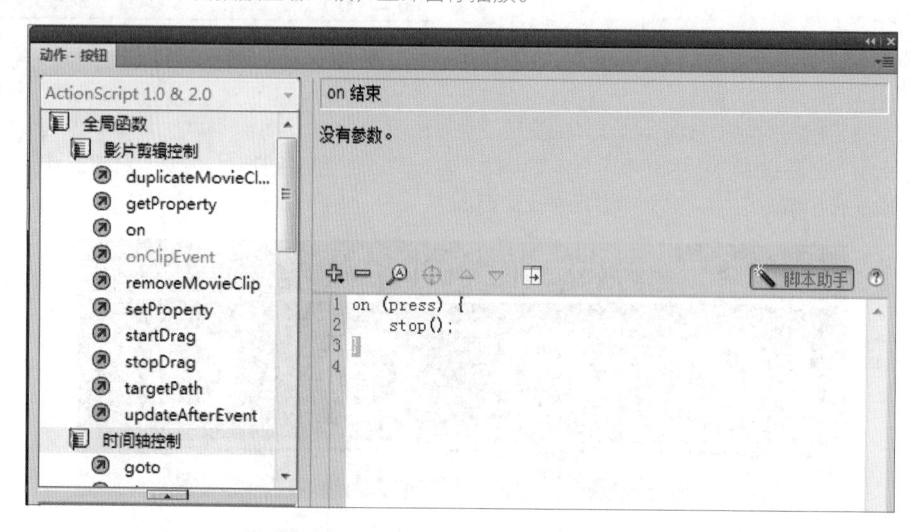

■ 图 8-23 “暂停”按钮元件的动作代码

在“继续”按钮元件上右击选择“动作”命令，打开“动作”面板，输入代码，如图 8-24 所示。

```
on (press) {
    play();
}
```

代码解释：单击时，不管在哪一帧暂停，立即继续播放。

■ 图 8-24　“继续”按钮元件的动作代码

 本章小结

本章通过网页导航栏及新闻播放器动画的制作，让读者了解了按钮的制作方法，添加超链接的代码编写，以及声音和视频的导入、转换及控制。通过按钮元件跳转相应场景或页面，是制作交互式动画的关键，希望读者掌握。导入声音和视频使 Flash 动画作品更具多媒体特性，在制作 MV、广告、网页、贺卡等方面，都需要使用相关的技术，本章是学好后续章节的基础，希望读者能多加练习，掌握本章节内容。

 课后检测

操作题

请制作如图 8-25 的“中国梦 · 航天梦”动画中的按钮动画，按钮的动画效果为：指针经过地球图片，小火箭从左边飞入，并围绕地球顺时针旋转，可以使用引导层动画来实现此效果，如图 8-26 所示。扫一扫二维码观看动画播放效果。

请扫一扫获取
相关微课视频

■ 图 8-25 “中国梦·航天梦”动画

请扫一扫获取
相关微课视频

■ 图 8-26 按钮动画效果

网页版头的制作

课前学习任务单

学习主题：网页版头的设计原则

达成目标：了解网页版头的配色原理及构图分类

学习方法建议：在课前浏览教材 9.1 节的内容进行学习

课堂学习任务单

学习任务：制作某科技公司网页版头

重点难点：图片与文字的搭配比例，各种元素的动画设计

学习测试：设计学校或系部网站的网页版头

9.1 课前学习——网页版头的设计原则

网页设计中网页版头是最重要的视觉元素。在很多网页中，它甚至是唯一的视觉元素。所以它的作用是相当大的。当用户访问网站时，首页的信息展示是非常重要的，很大程度上影响了用户是否决定停留，然而只有文字大面积的堆积，很难直观而迅速地展示给用户有用的信息，因此网页版头设计起到了至关重要的展示作用，特别是对于首页版头，有效的信息传达可以快速提高页面转化率。

网页版头必须能够与网站的风格配合，并能传达视觉上的信息。如图 9-1 所示，通过版头的鼠标、键盘、光盘、路由器等元素，用户可以得知该网站与信息技术、计算机产品等有关。版头部分还应当提供简单明了的导航链接。以上要求，网页制作者可以通过将头部分成三个区域而轻松实现，每一个区域都具有自己的功能，而且这三个区域在视觉上统一，使三者具有相似性及协调性。

■ 图 9-1　某公司网站首页

1. 网页版头的区域划分

设计一个吸引人的网页主横幅其实可以很简单，首先思考的是如何分配区域：一个横幅的宽度横跨整个网页，而高度又相当窄。将其分成三个区域：名称，图片及导航链接，如图 9-2 所示。然后分别对其进行设计。

如何分配区域：一般来说，都是将名称放在左上方，而导航链接放在下方。其空间的分配应该慎重。空间的比例大小是根据具体的名称（长或短）和图片而定的，设有固定最佳的比例。但是，应该避免将上方空间分成两等份，因为分成两等份会让人的注意力都集中在版式上，而不是集中在内容上。采用不对称的分布效果会更好。

■ 图 9-2　网页版头的区域划分

2. 网页版头的色彩搭配

色彩搭配既是一项技术性工作，也是一项艺术性很强的工作，因此，设计者在设计网页版头时除了考虑网站本身的特点外，还要遵循一定的艺术规律，从而设计出色彩鲜明、风格独特的网页版头。

色彩搭配要注意的问题有以下 6 个。

（1）使用单色

尽管网页版头设计要避免采用单一色彩，以免产生单调的感觉，但通过调整色彩的饱和度和透明度也可以产生变化，使网站避免单调。

（2）使用邻近色

所谓邻近色，就是在色带上相邻近的颜色，例如绿色和蓝色，红色和黄色，如图 9-3 所示。采用邻近色设计网页可以使网页避免色彩杂乱，易于达到页面的和谐统一效果。

（3）使用对比色

所谓对比色，就是色带上对角线上的颜色，例如红色和蓝色，绿色和红色等，如图 9-3 所示。对比色可以突出重点，产生强烈的视觉效果，通过合理使用对比色能够使网站特色鲜明、重点突出。在设计时一般以一种颜色为主色调，对比色作为点缀，可以起到画龙点睛的作用。

■ 图 9-3　简单的色谱

（4）黑色的使用

黑色是一种特殊的颜色，如果使用恰当，设计合理，往往产生很强烈的艺术效果，黑色一般用来作背景色，与其他纯度色彩搭配使用。

（5）背景色的使用

背景色一般采用素淡清雅的色彩，避免采用花纹复杂的图片和纯度很高的色彩作为背景色，同时背景色要与文字的色彩对比强烈一些。

（6）色彩的数量

一般初学者在设计网页版头时往往使用多种颜色，使网页变得很“花”，缺乏统一和协调，表面上看起来很花哨，但缺乏内在的美感。事实上，网页用色并不是越多越好，一般控制在三种色彩以内，通过调整色彩的各种属性来产生变化。

图 9-2 的网页版头，所有的颜色都拥有同一种色调蓝色。而且这些颜色理论上都是来自于图片，可以说，无论如何将颜色分配到区域中，一般来说，都可以形成协调的搭配。为了形成强烈的视觉冲击力，字体颜色选择与蓝色对比强烈的红色，给人留下深刻的印象。

3. 网页版头的构图

（1）左右式构图

左右式构图是最常见的构图方式，分别把主题元素和主标题左右摆放，如图 9-4 所示。

■ 图 9-4　左右式构图

（2）居中辐射式构图

网页版头的标题文字居中，分别把主题元素环绕在文字周围，用在着重强调标题的网页，如图 9-5 所示。

（3）倒三角形构图

倒三角构图，标题突出，构图自然稳定，空间感强，如图 9-6 所示。

■ 图 9-5　居中辐射式构图

■ 图 9-6　倒三角形构图

（4）斜线构图

各元素所占比重相对平衡，构图动感活泼稳定，运动感空间感强。此类构图适合电商、科技、汽车、潮流题材，如图 9-7 所示。

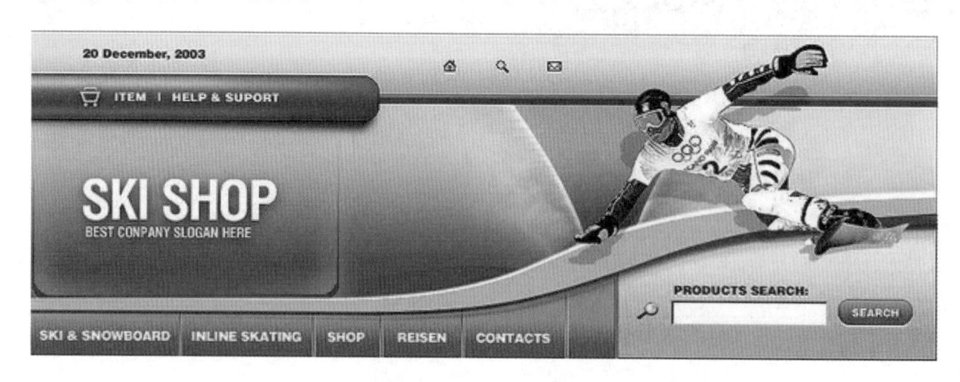

■ 图 9-7　斜线构图

4. 放置名称及导航文字

文字应该与图片互补。一个非常长的名称应该分成两行或多行，行与行之间的字体应该是整齐的，避免使用某些高低不平的字体或小写字母，否则会在狭窄的小空间中造成冲突。大写字母是本例的第一选择。案例采用一种平静优雅的字体，与漂亮的图片产生互补的效果。避免使用装饰性较强的字体，否则会喧宾夺主。

选择使用一款字体的时候，除了考虑它的易读性，更多考虑的是这款字体能否准确地传达出产品独有的气质。下面介绍如何选择字体。

体现男性气质的字体：方正粗谭黑、站酷高端黑、造字工房版黑、蒙纳超刚黑。黑体给人感觉粗壮紧凑，颇有力量感，可塑性很强。适用于各种大促类的电商广告。

体现文艺气质的字体：方正大小标宋、方正静蕾体、方正清刻本悦宋、康熙字典体。宋体的衍生有很多种，有长有扁，有胖有瘦。旅游类电商网站经常会用到此类字体。运用宋体进行排版处理，显得既清新又文艺。

体现女性气质的字体：方正兰亭超细黑、汉仪秀英体。字如其人，女性的特点是细致优雅、苗条细长；这类字体常被用作化妆品、女性杂志、艺术等女性主题领域。

体现文化气质的字体：王羲之书法字体、颜真卿颜体。书法字体具有很强的设计感与艺术表现力，运用好的话往往是点睛之笔。各式各样的书法字体有着自己独特的、细腻的特点，把握好这一点，既能增加文化内涵，也能衬托出产品的气质。

9.2 课堂学习——某科技公司网页版头制作

图 9-8 是某科技公司网页的版头部分，属于传统的构图和颜色搭配。在构图方面，使用最常用的左右式构图，分别把主题元素和主标题左右摆放。在颜色搭配方面，选用代表沉着、冷静、高科技感的蓝色调，地球的蓝色、背景的蓝色以及导航条的蓝色都属于同一种色系，但是饱和度不同，在视觉上传达一种和谐、平静、严谨的效果。在字体的选择上，“科技创新”使用书法字体，具有很强的设计感与艺术表现力，能增加企业的文化内涵，也能衬托出产品的气质。其他字体为黑体和宋体，不过于花哨，不喧宾夺主。

请扫一扫获取相关微课视频

下面我们来学习制作如图 9-8 的网页版头动画。

■ 图 9-8　某科技公司网页版头动画

1. 素材准备

（1）收集图片素材，并抠除背景，存储为 .PNG 格式，这样导入到 Flash 中的图片才能保证背景透明。

（2）下载安装字体，普通电脑上安装的是常用的传统字体，做平面设计、动画设计则需要许多艺术感强烈的字体，这时，需要自行安装新字体。互联网上有很多提供字体下载的网站，如字体大宝库，在网站中寻找所需的艺术字体，并下载到计算机。计算机中存放字体的位置为“C:Windows\Fonts”，将下载好的 .TTF 字体文件复制、粘贴到 Fonts 文件夹中，即把字体安装成功。本案例使用了“叶根友行书繁体”字体和“迷你简粗宋”字体，将字体文件复制到 Fonts 文件夹中，即可使用这两种字体来制作网页版头。

2. 制作动画

步骤一：新建一个 Flash ActionScript 2.0 文档，在舞台中右击，在“文档属性”中，设置文档尺寸为 980×260，将图层 1 命名为“背景”，把背景图导入到库中，并把背景图拖动到舞台中，使其布满舞台。

步骤二：新建图层 2，命名为“地球”，把“地球.jpg”也导入到库中，将其拖动到舞台中，放置在舞台左边。由于这张素材背景色并未抠除，需要使用 Flash 中的工具，将其抠除，方法为：选择工具箱中“套索工具（L）”，并在工具栏的下方，找到魔术棒工具，在图片上的绿色区域单击，则绿色部分被删除，抠图完成，如图 9-9 所示。

■图 9-9　素材抠图

步骤三：制作“地球”图片素材的淡入效果。在“地球”图片素材上右击，选择“转换为元件”——“图形”，并命名为“地球”。在“地球”图层中，时间轴上的第 10 帧，插入关键帧，并选中第 1 帧和第 10 帧之间，创建传统补间。选择第 1 帧，并在“地球”图形元件，在“属性”面板上，将“色彩效果”选项展开，并在“样式”的下拉菜单中，选择“Alpha”选项，将 Alpha 值设置为“0”，如图 9-10 所示。这样就实现了“地球”图形元件从无到有的淡入效果。

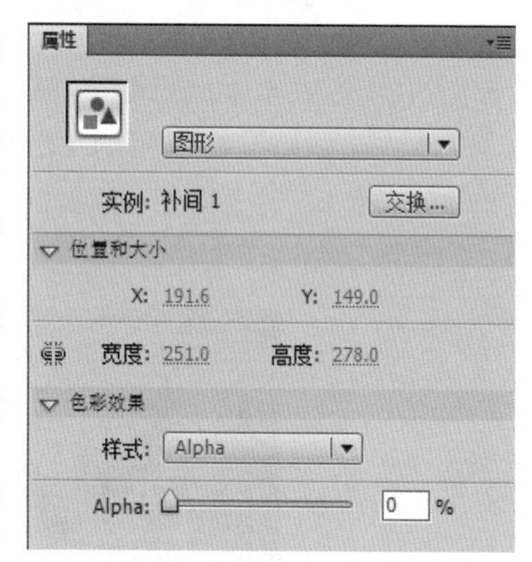

■图 9-10　设置图形元件透明度

步骤四：制作文字的图形元件。首先在菜单栏上选择“插入”——新建元件”，“类型”为图形，命名为“科技创新”。在图形编辑窗口中，输入文字“科技创新”，并将字符系列选择为“叶根友繁体”，颜色为白色。这里要注意的是：自行安装的字体，在未安装此字体的计算机中无法正常显示，只能以默认字体显示，所以，为了在任意一台计算机中都能正常显示此种字体，必须将文字进行分离，分离为矢量图。按两次【Ctrl+B】组合键，将文字打散。这样，“科技创新”图形元件就创建完成了，如图 9-11 所示。用同样的方法创建其他两段文字的图形元件，分别为“梦想”图形元件和“英文”图形元件，如图 9-12 和图 9-13 所示。

■ 图 9-11　“科技创新”图形元件

■ 图 9-12　“梦想”图形元件

■ 图 9-13　“英文”图形元件

步骤五：创建“文字动画”的影片剪辑。在菜单栏上选择“插入”——“新建元件”，“类型”为影片剪辑，命名为“文字动画”，在影片剪辑编辑窗口中制作三段文字的动画效果。新建三个图层，分别为“科技创新”“梦想”“英文”，在对应的图层中，制作每段文字的淡入淡出补间动画，“时间轴”上的设置见图 9-14，最终效果见图 9-15。

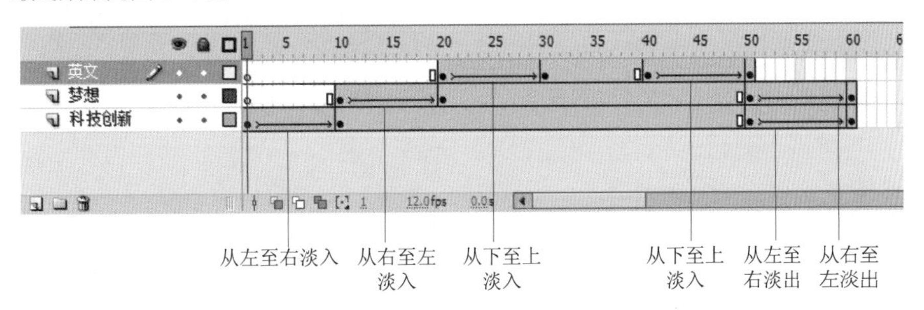

■ 图 9-14　“文字动画”的影片剪辑“时间轴”设置

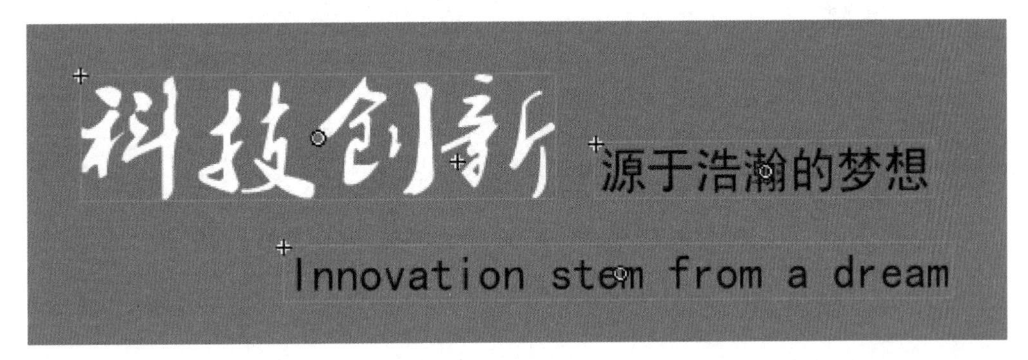

■ 图 9-15　文字动画影片剪辑最终效果

步骤六：制作光芒图形元件。在地球图形元件后，有一道耀眼的光芒，不停在闪耀，必须制作影片剪辑，才能实现循环播放的效果。在制作影片剪辑之前，要先制作出光芒的图形元件。在菜单栏上选择“插入”——“新建元件”，类型为“图形”，命名为“光芒”，为了体现光芒的不透明度变化，首先在“颜色”面板中，设置填充色，类型为“放射状”，颜色为白色，左边的色标设置 Alpha 为 50%，右边的色标设置 Alpha 为 5%，如图 9-16 所示。绘制一个外光晕，用“椭圆工具”进行绘制，并用【Ctrl+G】组合键将其组合。接下来绘制一个内光晕，颜色浓度比外光晕较深，同样在“颜色”面板中，设置填充色，类型为“放射状”，颜色为白色，左边的色标设置 Alpha 为 100%，右边的色标设置 Alpha 为 50%，绘制一个比外光晕要小的内光晕，并用【Ctrl+G】组合键将其组合，将两个光晕圆心对齐。接下来，绘制光线图形，用“椭圆工具”绘制细长的椭圆，并将其进行组合，多次复制旋转，放置到光晕中心，并使用“任意变形工具”，将光线调整为长短不一的效果，如图 9-17 所示。

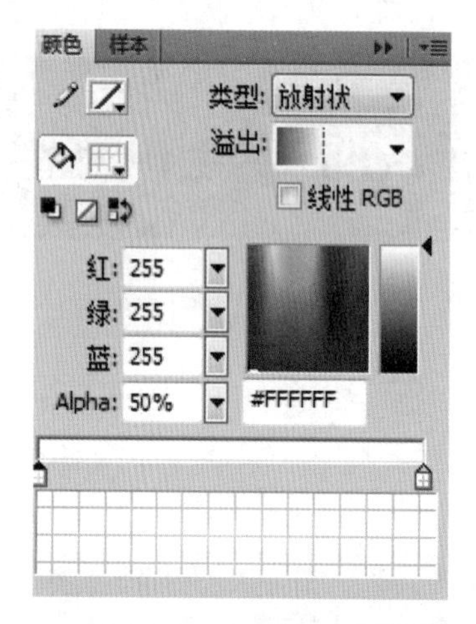

■ 图 9-16　放射状颜色的设置

■ 图 9-17　光芒的绘制

步骤七：制作光芒动画的影片剪辑。在菜单栏上选择“插入”——“新建元件”，“类型”为影片剪辑，命名为“光芒闪烁”，此影片剪辑分为两个图层，分别为“光芒”和“光圈”，光芒由小变大并旋转 180°，光圈则是一个边缘非常细的圆圈，做由小变大的运动，“光芒闪烁”影片剪辑的“时间轴”设置见图 9-18。

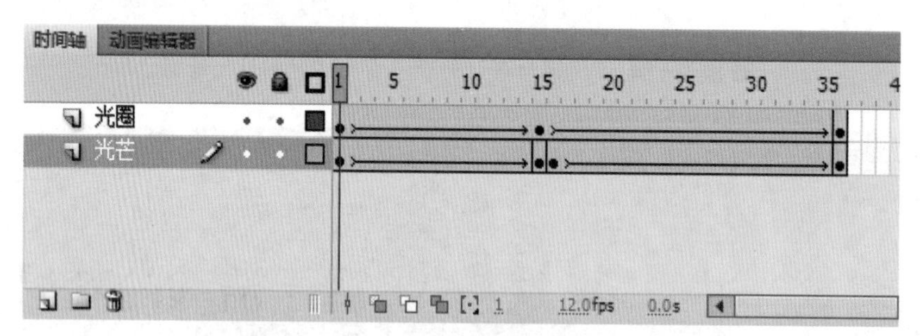

■ 图 9-18　光芒闪烁的影片剪辑时间轴设置

步骤八：插入按钮元件，制作导航链接。在菜单栏上选择“插入”——“新建元件”，类型为按钮，命名为“导航按钮”，在时间轴上的“弹起”帧，绘制一个深蓝色长条矩形，在时间轴上的“指针经过”“按下”和“点击”分别插入关键帧，如图 9-19 所示。这样 4 个帧上显示的都是深蓝色长条矩形，为了在指针经过时按钮有动态变化，将“指针经过”帧上的长条矩形颜色调整为墨绿色，这样，按钮就有了动态变化。

■ 图 9-19　按钮的制作

步骤九：将所有元件整合。在场景 1 中，建立 6 个图层，分别命名为“背景”“光芒”“地球”“文字”“按钮”“按钮文字”，将各影片剪辑元件和按钮元件按照对应的图层放置，时间轴设置见图 9-20，效果见图 9-21。由于“文字动画”影片剪辑设置了淡入的效果，第一帧是完全透明的，Alpha 设置为 0，所以在场景 1 中看不到文字内容，按【Crtl+Enter】组合键测试影片，即可看到所有动画内容。

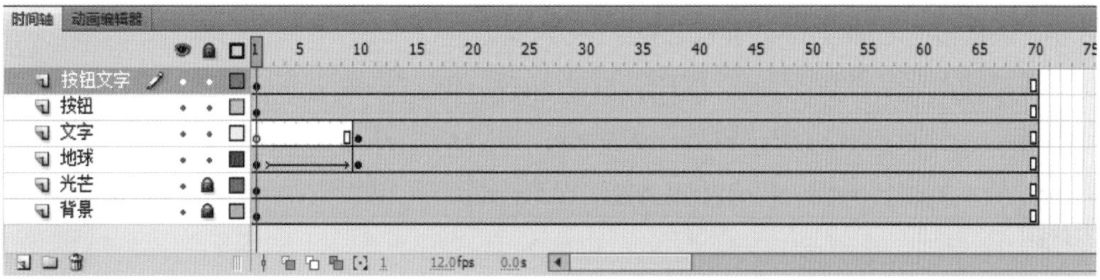

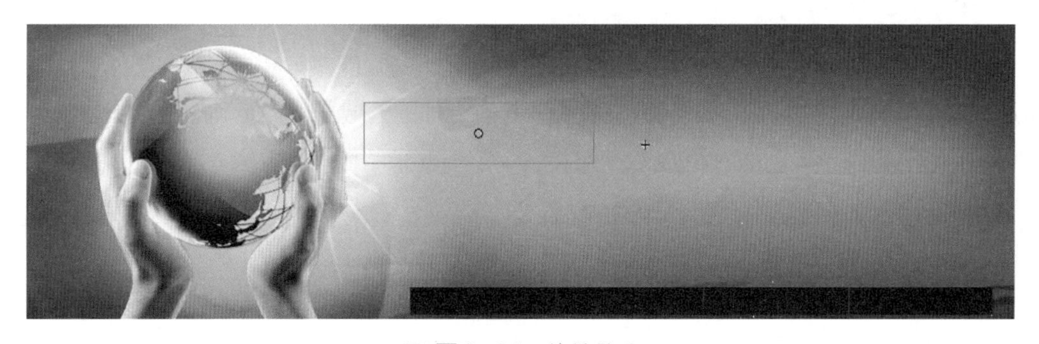

■ 图 9-20　场景 1 时间轴设置

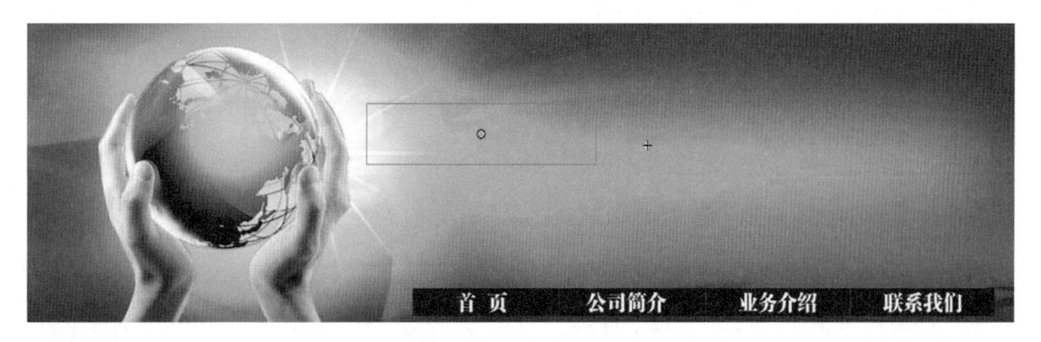

■ 图 9-21　效果展示

步骤十：输入导航文字，在场景 1 中，找到按钮文字所在图层，使用“文本工具”分别输入文字“首页”“公司简介”“业务介绍”“联系我们”，将字体设置为“迷你简粗宋”，颜色为白色，最终效果见图 9-22。

■ 图 9-22　最终效果

步骤十一：发布影片。按【Crtl+Enter】组合键测试影片，或选择菜单栏上“控制”——“测试影片”进行测试，发现问题及时修改，直到修改满意为止。

将影片发布成为 .swf 格式，把该 Flash 影片嵌入到网页框架中，成为网页版头。还需要设置导航栏上的链接，待网页子页面制作完成后，将子页面的超链接加入到各个按钮中，实现页面的跳转。

按钮的超链接设置方法如下。

（1）在按钮上右击，在弹出的快捷菜单中选择“动作”命令。

（2）打开“动作”面板，输入以下代码：

```
on (release) {
    getURL( “index.asp” , “_blank” );
}
```

其中，超链接的名称以实际的网页链接名称为准。

也可通过脚本助手来编写代码，打开“动作”面板，单击“脚本助手”，选择“全局函数”→“影片剪辑控制”→“on”，选中“释放”复选框；再选择“浏览器 / 网络”——“getURL”，在 URL 栏中，输入超链接名称。对 Action Script 语言不是很熟悉的读者，可以尝试用脚本助手来辅助编写代码。

本章小结

本章学习了网页版头的设计原则和制作技巧。一个网页是否能在第一时间吸引访问者的眼球，网页版头起着关键的作用。一个好的网页版头，具有合理的区域分配，正确的色彩搭配，符合网站风格的构图，以及凸显网站内涵的文字字体等。用 Flash 来制作网页版头，要做到自然流畅，符合人们的视觉习惯，不能太花哨、太喧嚣。

在“某科技公司网页版头”实例的制作过程中，学习了图片、文字、按钮的元件制作，以及多种元件的动画组合。通过图形元件透明度的设置，制作出淡入淡出效果。学习了如何制作按钮元件，并多次复制制作导航栏，通过编写 Action Script 2.0 代码，实现按钮超链接的跳转功能。

用 Flash 制作网页版头，是网页设计工作中最常见的一项工作，读者还可以通过其他实例来加强练习，为网页增添更多的活力。

课后检测

一、单项选择题

1. 在颜色搭配上，我们将黄色和绿色称为（　　）。

A. 互补色　　B. 邻近色　　C. 同色系　　D. 对比色

2. Flash 也有抠图的功能，使用工具箱中的（　　）工具可以将某种颜色一次性删除。

A. 橡皮擦工具　　B. 套索工具　　C. 滴管工具　　D. 钢笔工具

3. 在网页版头的构图上，标题文字居中，分别把主题元素环绕在文字周围，属于（　　）构图。

A. 居中辐射式构图　　　　B. 左右式构图

C. 倒三角式构图　　　　D. 斜线式构图

4. 测试影片的组合键为（　　）

A. 【Ctrl+T】　　B. 【Ctrl+Enter】　　C. 【Ctrl+Alt】　　D. 【Ctrl+G】

5. 网页版头的色彩数量一般控制在（　　）种之内。

A. 6　　B. 1　　C. 3　　D. 5

6. 绘制诸如小球、光芒的图形，用（　　）类型的颜色填充。

A. 线性渐变　　B. 纯色　　C. 放射状　　D. 位图填充

二、填空题

1. 我们一般将网页版头的区域划分为________、________和________。

2. 字体安装的路径为________——________——________。

3. 为了在任意一台计算机中，都能正常显示新安装的字体，我们必须将文字进行________，使之成为矢量图。

4. 按钮元件的时间轴上，有 4 个帧，分别为________、________、________和________。

三、小组合作题

请设计一个自己学校或系部网站的网页版头，遵循网页版头的构图原则和色彩搭配原则，尺寸自定，作品发布为 .swf 格式。

Flash 音乐 MV 的制作

课前学习任务单

学习主题：Flash 音乐 MV 的历史和制作流程

达成目标：了解 Flash 音乐 MV 的历史和制作流程

学习方法建议：在课前浏览教材 10.1 节的内容进行学习

课堂学习任务单

学习任务：制作 Flash 音乐 MV《青花瓷》

重点难点：音频、音效、字幕和画面的同步

成果展示：将小组制作完成的 MV 作品进行展示

10.1 课前学习——音乐 MV 的历史和制作方式

1. MV 诞生文化背景

MV 产生的音乐体裁主要有节奏布鲁斯和摇滚乐。摇滚乐产生于 20 世纪 50 年代中期。60 年代，它作为欧美社会运动中青年一代用以反对战争、种族歧视、性禁锢的舆论宣传工具。

七十年代，英国著名摇滚乐队“甲壳虫”（The Beatles）的首度访美演出，使摇滚乐成为欧美文化圈中的流行音乐体裁，也由此开始商业化。音像商为了在竞争激烈的环境中战胜对手，达到赚取最大利润的目的，就借助广告。首先是电视广告，对唱片的潜在消费者进行最强有力的品牌消费导向。至此，七十年代，在西欧和美国，电视摇滚乐商品广告作为音乐电视录像片（MV）的雏形出现。

2. MV 和 MTV 的区别

MTV(Music Television) 是全球最大音乐电视网，以创立播放音乐录音带（MV）的单独的电视网；MV 是 Music Video（音乐录影带）的缩写，就是我们平常看到的音乐电视。一般提到的 MTV 绝对不能等同于 MV。

MV 的提法是因为 MTV 范畴有些狭窄，因为“音乐电视”并非只是局限于电视，还可以独立发行影碟，或者通过网络等方式传播，所以就用 MV 表示，通常被理解为“Music Video”。

MV 是一种视觉文化，是建立在音乐、歌曲结构上的流动视觉。视觉是音乐听觉的外在形式，音乐是视觉的潜在形态。运用电视技术手段，以音乐语言为抒情表意方式，以画面语言为烘托的辅助表现形态，MV 是给观众审美感的电视艺术片种。

MTV 是品牌的概念，MV 是作品的概念，MTV 原本是电视台的一个称呼，但由于我国把 MTV 等同于 MV，所以这两个概念就混淆了。

3. MV 的特点

当音乐和视觉的画面相结合时，它就不是以作为独立艺术音乐的姿态而出现，而是作为影视综合艺术的一个要素在和其他要素相结合中产生影响，发挥作用。随着新数字时代的到来，受众已经不满足于纯音乐和电视画面的简单结合，而是站在审美的角度来审视音乐电视的艺术性和感染力。

真正符合 MV 要求的作品，是以歌曲为表现主体，以演唱者为表现形式，通过镜头语言将歌词的内涵与意义、音乐的主题与完整的旋律以及所要赋予的主观情感抒发体现出来。音乐电视的双重结构，音乐与画面相互贯通，相互交融，形成统一的音画关系，以电视手法构成情景交融、声情并茂的电视画面，呈现出独特的艺术品味，这是音乐电视追求的最高境界。

就音乐电视的概念而言，它应该是利用电视画面手段来补充音乐所无法涵盖的信息和内容。要从音乐的角度创作画面，而不是从画面的角度去理解音乐。广告是宣传产品，MV 是宣传歌曲和歌手。杰出的 MV 视觉造型包括两个方面：诠释音乐，展示歌手。

较权威的定义则是：MV 指把对音乐的读解同时用电视画面呈现的一种艺术类型。

MV 最经典的案例是 1982 年迈克尔·杰克逊的专辑《Thriller》，它几乎是真正意义上标志着 MV 的诞生。

4. MV 的创意方法

（1）对应创意：以歌词内容为创作蓝本，可以去追求歌词中所提供的画面意境以及故事情节，并且设置相应的镜头画面。

（2）平行创意：音乐内容与音乐画面呈面线平行发展，画面与音乐的内容分割开来，各自遵循着自己的逻辑线索向前发展，看似画面与歌词内容毫无关联，但实际上是有内在联系的。

5. MV 的节奏基准

音乐电视好看，在于创造性地运用视听媒介的多种手法，在时间、对比、比例、运动、变化、张力、和谐与冲突等元素上下功夫，将这些元素有机地搭配，创造崭新的意境。

节奏是音乐的骨架部分，音乐节奏的形成，是音调素材与节奏结合而产生的，只有音调素材与节奏的结合才会产生有生命意义的音乐。音乐节奏的核心，就是利用各种对比效果，如音乐结构中乐音长和短的对比，断和连的对比，调性的对比，音量中强与弱的对比，以及通过配器形成的音色对比造成音乐的色彩变化和动势的变化，从而形成乐曲的节奏感。

视觉节奏属于空间层次，主要是指镜头语言节奏，它是由线条、光线、景别、色彩、镜头长度、运动速度、运动方向、空间大小和镜头运动幅度等元素构成的。镜头变化产生韵律，重复则产生节奏，画面的节奏在音乐的节奏中获得一个又一个支点，使画面连续不断地运动起来。导演的创作实际上是通过镜头的拍摄量来完成每一个具象的镜头。如果拍摄的镜头量不够，就无法做到韵律感强，因为视觉的乐感是从具象中分解而来的，镜头的分解才能产生韵律。

MV 的时空流程同时展示音乐、诗和连续运动画面的美感意韵，三种不同表现形式的艺术互补共存，以内在的和谐展现在人们的视觉上，这即是 MV 的艺术魅力。

因此，在我国出现了 MV 广告，相比其他的广告形式，MV 广告在实践和表达方式上具有更大的优势，具有艺术感的同时，也给予人们视觉和听觉上双重享受和双重刺激。

10.2 课堂学习——Flash 音乐 MV《青花瓷》的制作

请扫一扫获取相关微课视频

素材准备：《青花瓷》歌曲 MP3 文件、《青花瓷》歌词文件、MV 画面的图片文件

MP3 文件和歌词文件可以从互联网搜索下载，画面的图片则需要通过 Photoshop 等图像处理软件进行制作。图 10-1 是所有图片素材的集合，将这些素材导入到 Photoshop 软件中，进行合成处理，使用羽化、蒙版、正片叠底混合模式等操作，最终，设计成如图 10-2 的画面效果，图片操作及设置见图 10-3。

■ 图 10-1　图片素材

■ 图 10-2　图片合成

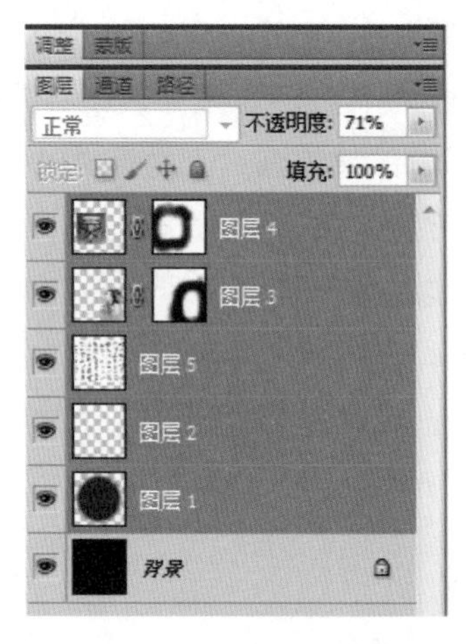

■ 图 10-3　Photoshop 中的操作步骤

步骤一：新建一个 Flash 文档，将“文档属性”设置为 1024 像素 ×768 像素，背景颜色为黑色。新建一个图层，命名为“音乐”，打开菜单栏“文件”——“导入”——“导入到库”，选择“青花瓷 .wav”，将其导入到库中。在“属性”面板中，“名称”——“青花瓷 .wav”，设置“同步”——“数据流”，如图 10-4 所示。在“音乐”图层时间轴上的第 1125 帧插入帧，音乐刚好播放结束，如图 10-5 所示。

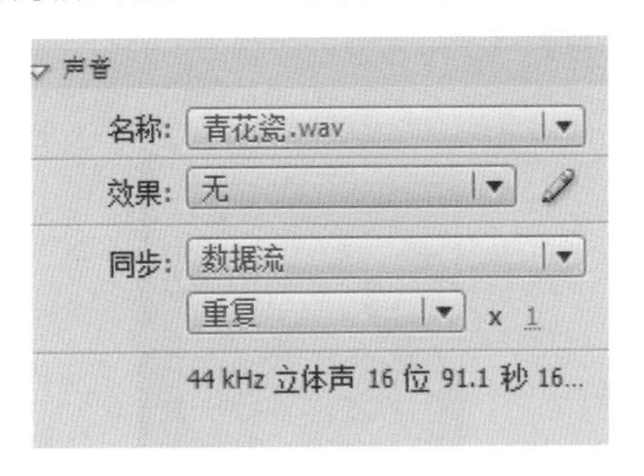

■ 图 10-4　导入声音文件到时间轴

■ 图 10-5　在时间轴上插入帧

步骤二：新建一个图层，命名为“片头”，将“top.jpg”素材导入到舞台中，并将图片移动到舞台居中位置，使用“文本工具”输入文字“青花瓷”，设置字符系列为“迷你简特粗黑”，如果计算机中没有安装此字体，可以在光盘文件夹中找到字体文件“迷你简特粗黑 .TTF”，将其复制，粘贴到“C:\Windows\Fonts”文件夹中，即可将此种字体安装到本地计算机中，重启 Flash 软件，便可在字符系列中找到“迷你简特粗黑”字体并使用。文字输入完成后，将其转换为图形元件，命名为“青花瓷”，如图 10-6 所示。

■ 图 10-6　导入片头图片并输入标题文字

步骤三：制作“青花瓷”标题图形元件的遮罩动画效果，让标题文字缓缓出现。新建一个图层，命名为“遮罩层”，绘制一个绿色矩形，如图 10-7 所示，将其转换为图形元件，命名为“遮罩 1”，在第 113 帧的位置，插入关键帧。在第 1 帧，使用工具栏中的“任意变形工具”将“遮罩 1”图形元件选中，并将其圆心移动到矩形的顶边位置，同样，在第 113 帧上，将图形元件的圆心移动到矩形的顶边位置，并将底边拉长至如图 10-8 的位置。在两个关键帧之间创建传统补间，并将“遮罩层”图层设置为遮罩层，如图 10-9 所示。按【Enter】键播放观看效果，“青花瓷”三个字按照顺序缓缓出现，如图 10-10 所示。

■ 图 10-7　绘制遮罩图形元件

■ 图 10-8　遮罩图形元件变形

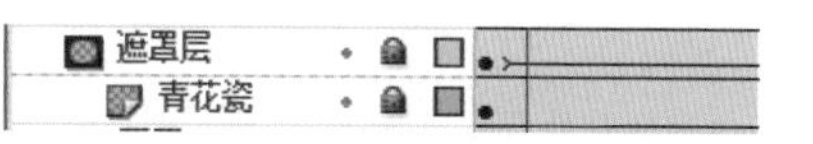

■ 图 10-9　图层的设置

■ 图 10-10　遮罩层动画的效果

接下来，新建一个图层，命名为“周杰伦”，在这个图层上使用“文本工具”输入作曲者和作词者的信息，字符系列为“隶书”，颜色为白色，文字方向为“垂直，从右向左”，如图 10-11 所示。为文字设置遮罩动画，方法同“青花瓷”遮罩动画，时间轴上的图层设置见图 10-12。

■ 图 10-11　输入作曲者和作词者的信息

■ 图 10-12　图层的设置

步骤四：新建一个图层，命名为“第一张”，在第 256 帧的位置，插入空白关键帧，导入“1.jpg”素材到舞台，作为一个画面的内容，如图 10-13 所示。

■ 图 10-13　第一张画面图片

为了让不同的场景图片切换效果更加自然，可以增加“转场”动画效果。这里，需要制作黑色渐变的“淡入淡出”转场效果。首先，新建一个图层，命名为“转场”，绘制一个跟舞台一样大小的黑色矩形，并转换为图形元件，命名为“转场”。制作该图形元件的由透明到不透明，再由不透明到透明的传统补间动画。时间轴上的设置见图 10-14。

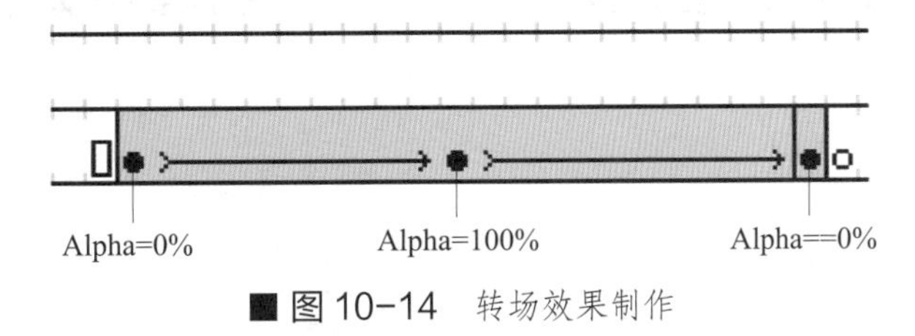

■ 图 10-14　转场效果制作

接下来，添加歌词字幕。新建一个图层，命名为“第一节”，在“歌词 .txt”素材中，复制歌词的第一节内容“素眉勾勒秋千话北风龙转丹，屏层鸟绘的牡丹一如你梳妆，黯然腾香透过窗心事我了然，宣纸上皱边直尺各一半”，在舞台中使用“文本工具”，设置字体方向为“垂直，从右向左”，粘贴歌词到画面的左侧，字体颜色为白色，字体样式为“隶书”，如图 10-15 所示。

制作歌词文字逐列出现的效果，使用遮罩层来实现。新建一个图层在“第一节”图层的上方，命名为“遮罩层”，绘制一个如图 10-16 所示的细长型矩形，高度要大于歌词文字的长度，将其转换为图形元件，命名为“遮罩 2”，使用“任意变形工具”将矩形图形元件选中，并将其圆心移动到矩形右边中心点。在“遮罩层”上的第 420 帧上插入关键帧，将矩形的左边拉伸至如图 10-17 的位置，即刚好把所有歌词内容都遮住。在两个关键帧之间创建传统补间，并将“遮罩层”设置为遮罩层，最终，按【Enter】键播放，歌词遮罩效果见图 10-18。

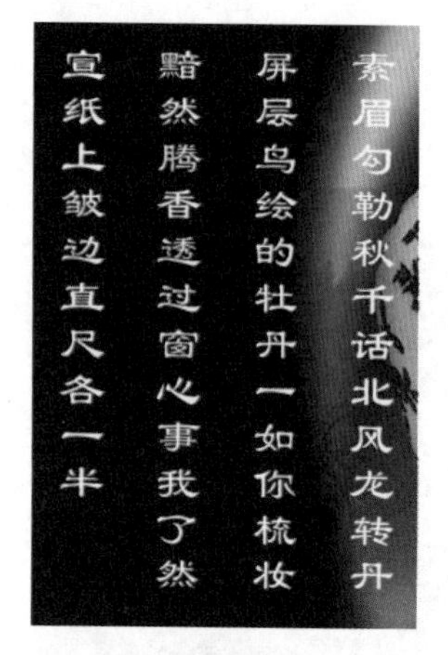

■ 图 10-15　输入歌词

■ 图 10-16　绘制遮罩图形元件

■ 图 10-17　遮罩图形元件变形

■ 图 10-18　歌词遮罩效果

其余 3 个画面和歌词内容都使用步骤四的方法进行制作，这里将不再冗述。插入画面和歌词内容时，请反复听音乐，依据音乐中的歌词确定画面和文字的定位，做到声画同步。

步骤五：制作蓝色花瓣隐隐约约飘落的动画效果。为了让 MV 的画面更加唯美，添加了蓝色花瓣飘落的动画。首先，新建一个图层，命名为“花瓣”，打开菜单栏“插入”——“新建元件”——“影片剪辑”，命名为“flower”，如图 10-19 所示。在影片剪辑中的舞台上，绘制花瓣图形，在绘制之前，将“颜色”面板设置为如图 10-20 的线性渐变色，由白至蓝。

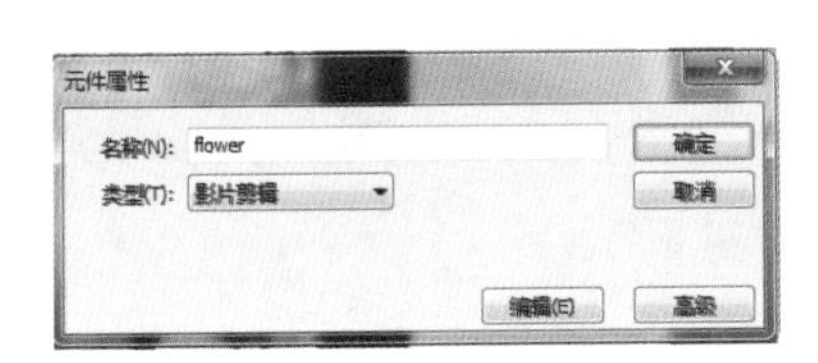

■ 图 10-19 新建影片剪辑元件

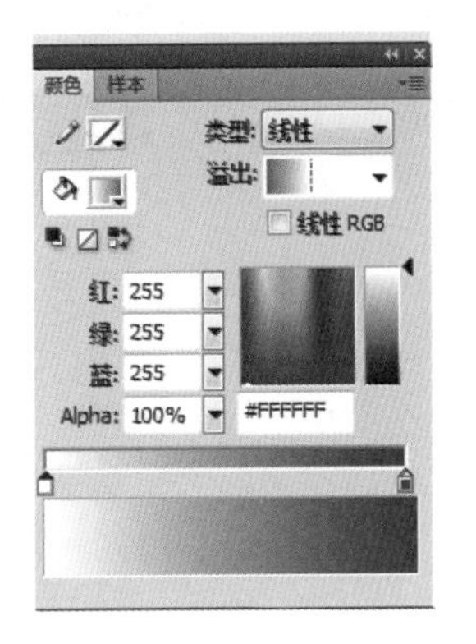

■ 图 10-20 “颜色”面板的设置

颜色设置完成之后，用“椭圆”工具绘制一个椭圆，并使用“选择工具”调整椭圆的形状，制作出如图 10-21 的花瓣图形。将花瓣图形转换为图形元件，命名为“a flower”，如图 10-22 所示。在“花瓣”图层上方新建一个图层，命名为“引导层”，用“铅笔工具”绘制花朵飘落的路径，如图 10-23 所示。

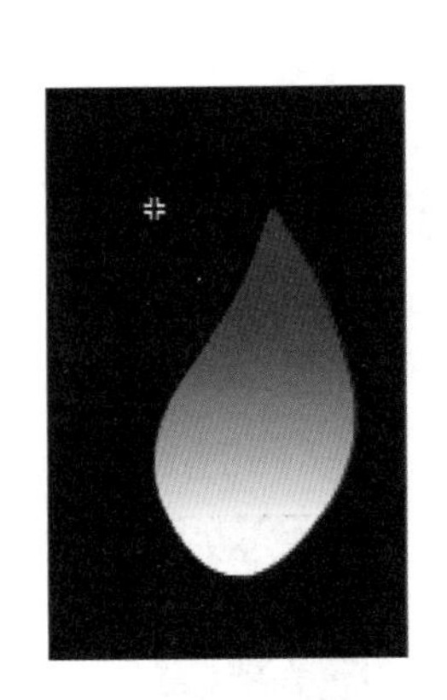

■ 图 10-21 绘制花瓣

■ 图 10-22 将花瓣转换为图形元件

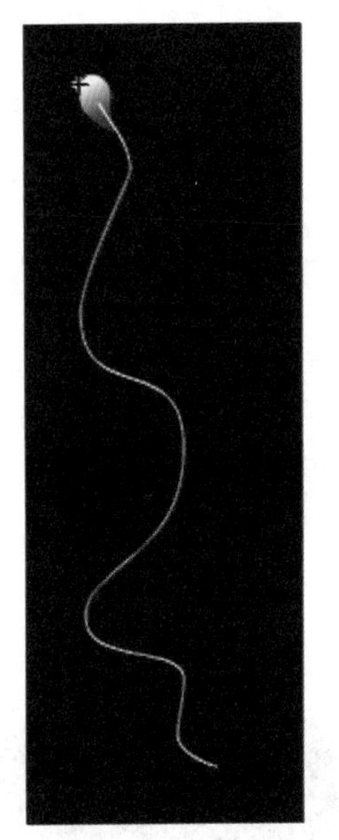

■ 图 10-23 绘制引导层路径

将两个图层的帧都延长至第 85 帧，在“花瓣”图层上的第 85 帧位置插入关键帧，并将“a flower”图形元件移动到引导路径的末端。这里要注意的是，“a flower”图形元件的圆心一定要和路径端点紧紧贴合，选择工具栏上的“贴紧至对象”，确保圆心与路径的端点贴紧。

在“花瓣”图层上的两个关键帧之间，创建传统补间，并将“引导层”图层设置为引导层，时间轴上的设置见图 10-24。

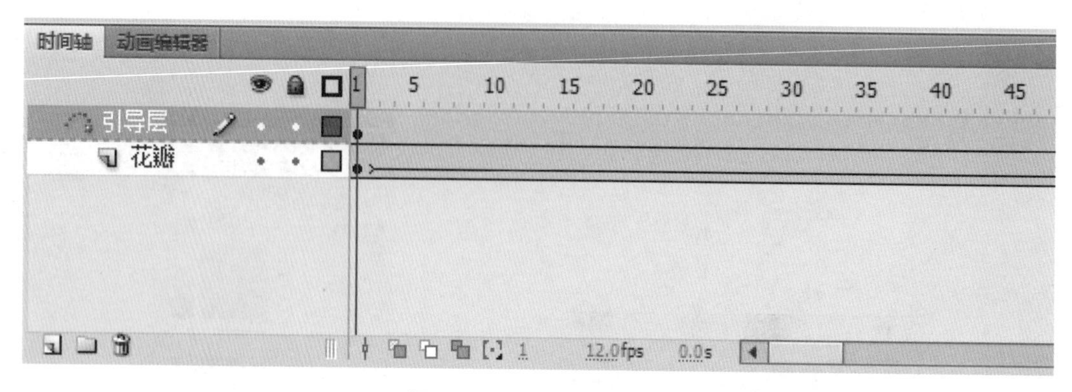

■ 图 10-24　制作引导层动画

按【Enter】键，观看动画效果，为了让花瓣一边旋转一边飘落，将光标定位在传统补间上，在“属性”面板，设置“旋转”——“顺时针”——“2 次”，如图 10-25 所示。为了制作花瓣慢慢飘零消失，在第 85 帧的位置，也就是结束帧的位置，点击花瓣图形元件，在“属性”面板上，设置“色彩效果”——“样式”——“Alpha”——“0”，如图 10-26 所示

■ 图 10-25　设置花瓣旋转效果

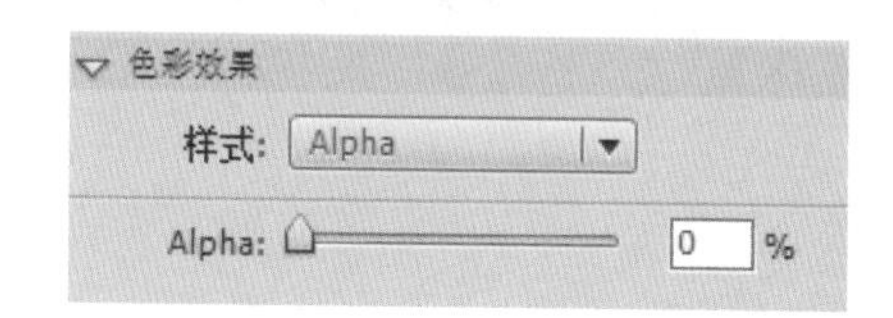

■ 图 10-26　设置花瓣透明效果

步骤六：回到场景 1，在“花瓣”图层上第 272 帧的位置插入空白关键帧，将“flower”影片剪辑元件拖动到舞台，并调整大小，将其 Alpha 值调整至 50%，多次复制“flower”影片剪辑元件，并使用“任意变形工具”，将多个“flower”影片剪辑调整为大小不一，方向不一，透明度不一的影片剪辑，放置在画面的顶部位置，如图 10-27 所示。按住【Ctrl+Enter】组合键测试影片，观看花瓣飘落的效果，并调整影片剪辑的位置和方向，直到满意为止。

最后，新建一个图层，命名为“谢幕”，输入文字“谢谢观赏”，字体样式为隶书，方向为“垂直，从右至左”，如图 10-28 所示。制作文字的遮罩动画，制作方法与步骤三相同。

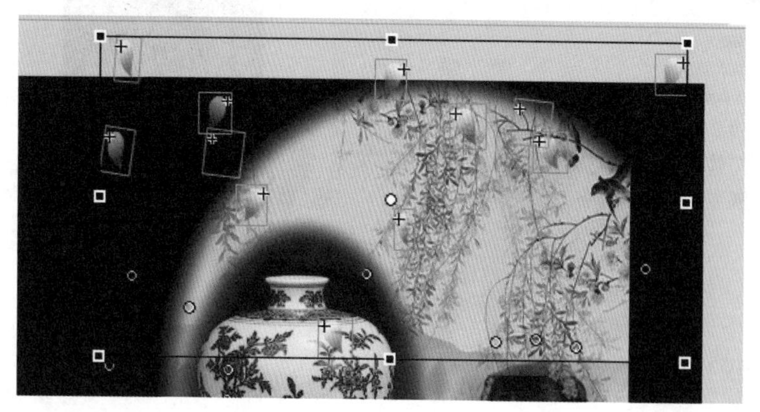

■ 图 10-27　复制花瓣影片剪辑

■ 图 10-28　输入谢幕文字

多次测试影片，并及时作调整，最后，发布影片为 .swf 格式。

本章小结

本章着重学习 MV 的制作，介绍了 MTV 和 MV 的历史，以及两者的区别，MV 的创作方法。可以将学生分成小组，通过一个实例的练习，掌握制作动画 MV 的方法。本章提供了一个实例《青花瓷》，运用了多种高级动画——遮罩层动画、引导层动画，以及创建了多种类型元件来完成 MV 的制作，本实例的难点是音频、音效、字幕和画面的同步，实例中的图层较多，如何管理图层内容也是对读者的一种考验。

课后检测

操作题

请小组合作，选择一首歌曲，制作歌曲 MV，并添加片头、片尾、字幕效果。

电商广告 banner 的制作

课前学习任务单

学习主题：电商广告 banner 的设计原则
达成目标：了解电商广告 banner 的设计原则
学习方法建议：在课前学习教材 11.1 节的内容

课堂学习任务单

学习任务：制作天猫“双十一”广告 banner
重点难点：在小尺寸的 banner 中，将动画制作精细
学习测试：完成网页 banner 动画制作

11.1 课前学习——电商广告 banner 的设计原则

当今，无论任何一款互联网产品，都需要搭载计算机平台进行推广，Banner 更是推广的一大利器，如何将 Banner 设计好就成为一个需要探讨研究的课题。

Banner 规格尺寸大小不一，文件大小也有一定的限制，这就使得在设计上增加了许多障碍，比如，颜色不能太丰富，否则会在文件大小的限制下失真；软文不能太多，否则会没有重点，得不偿失，如何在方寸间把握平衡，变得十分重要。

11.1.1 banner 的颜色

1. Banner 与环境对比原则

试想如果在一个以浅色调为基准的网站上设计 Banner，从明度上拉开对比会很好的提高用户的注意力 (相反亦然)。以此也可推想出，如果在一个有颜色基调的网站上设计补色或者对比色的 Banner，效果就会变得更瞩目 (补色和对比色案例)。

2. Banner 颜色简单原则

试想一个 Banner 五颜六色，是不是就更能够吸引用户注意力？首先，对比图 11-1 和图 11-2。图 11-2 给用户的视觉传达力更强，简洁明确、朴素有力，给人一种重量感和力量感。图 11-1 颜色虽多，却没有带来更好的视觉传达效果，因为颜色过度使用会打乱色彩节奏，并且减弱了颜色间的对比，使整体效果变弱。

■ 图 11-1　食品广告 banner

其次，使用颜色越多，最后保存时文件越大，加载越慢，让用户等待就意味着丢失用户，如果靠降低品质来达到 Banner 的上传要求，那展现给用户的是低质量的 banner，也一样会丢失一些用户。

所以，颜色简单有力，加载清晰快速，对于 banner 的视觉传达很重要，只要让用户产生点击欲望，即达到推广的目的。

■ 图 11-2　手表广告 banner

11.1.2　banner 的构图

1. 构图的定义及规则

构图其实就是经营画面，进行布局，如何在构图的引导下吸引用户点击访问，了解内容。构图的基本规则是：均衡、对比和视点。

均衡：均衡不是对称，是一种力量上的平衡感，使画面具有稳定性，如图 11-3 的服饰广告 banner。

■ 图 11-3　服饰广告 banner

对比：在构图上来说就是大小对比，粗细对比，方圆对比，曲线与直线对比等，如图 11-4 所示。

■ 图 11-4　运动鞋广告 banner

视点：就是如何将用户的目光集中在画面的中心点上，可以用构图引导用户的视点，如图 11-5 所示。

■ 图 11-5 banner 中的视点效果

以 X-MEN 的宣传 banner 为例，如图 11-6 所示。宣传 banner 中人物排布既平衡又不对称，人物大小不一，产生出对比，突出了部分剧中人物。Banner 正中一个大大的“X”，把视点集中到了画面的最中心，很好的利用了基本构图规则进行 banner 设计。

■ 图 11-6 X-MEN 的宣传海报

2. 构图的样式

构图大概分以下几种：垂直水平式构图、三角形构图 (正三角和倒三角)、渐次式构图、对角线构图、辐射式构图和框架式构图。

（1）垂直水平式构图：平行排列每一个产品，各个产品展示效果佳，且各个产品所占比重相同，秩序感强。此类构图给用户的体验为：产品规矩正式、高大、安全感强，如图 11-7 和图 11-8 所示。

■ 图 11-7　垂直式水平构图广告 banner

（2）正三角形和倒三角构图：多个产品形成正三角构图，产品立体感强，各个产品所占比重有轻有重，构图稳定自然，空间感强。此类构图给用户的体验为：安全感极强、稳定可靠，如图 11-9 所示。

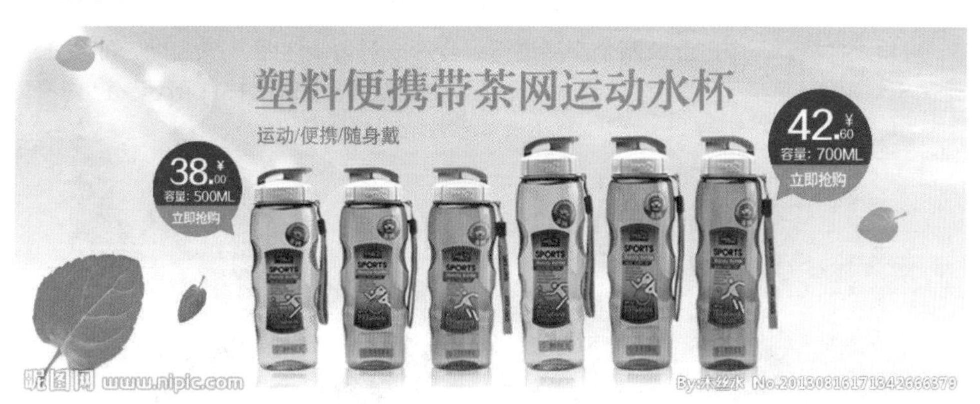

■ 图 11-8　水平式构图广告 banner

■ 图 11-9　正三角构图广告 banner

多个产品形成倒三角构图，产品立体感极强，各个产品所占比重有轻有重，构图动感活泼失衡，运动感、空间感强。不稳定感激发用户心情，给用户运动的感觉，如图 11-10 所示。

■ 图 11-10　倒三角式构图的广告 banner

（3）对角线构图：一个产品或两个产品进行组合形成对角线构图，产品的空间感强，各个产品所占比重相对平衡，构图动感活泼稳定，运动感、空间感强。如图 11-11 所示。

■ 图 11-11　对角线构图的广告 banner

（4）渐次式构图：多个产品渐次式排列，产品展示空间感强，各个产品所占比重不同，由大及小，构图稳定，次序感强，利用透视引导指向 slogan。此类构图给用户的体验为：稳定自然，产品丰富可靠，如图 11-12 所示。

（5）辐射式构图：多个产品形成辐射式构图，产品空间感强，各个产品所占比重不同，由大及小。构图动感活泼，次序感强，利用透视指向 slogan，此类构图给用户的体验为：活泼动感，产品丰富可靠，如图 11-13 所示。

■ 图 11-12 渐次式构图广告 banner

■ 图 11-13 辐射式构图广告 banner

（6）框架式构图：单个或多个产品框架式构图，产品展示效果好，有画中画的感觉。构图规整平衡，稳定坚固。此类构图给用户的体验为：稳定可信赖，产品可靠，如图 11-14 所示。

■ 图 11-14 框架式构图广告 banner

3. 软文（Slogan）

俗话说得好“话不在多，精辟就行”，当今炙手火热的微博就是一个例子，“140 字概括你要说的”，Slogan 也是一样。

Slogan 要言之有物，第一要抓住用户的心理，了解用户的想法。第二要推给用户什么，用户对什么感兴趣。以某手机广告为例，如图 11-15 所示，Slogan 只有四个字：终于来了。用户从不会质疑 apple 的性能、科技领先性及用户体验性，用户的想法就是拥有自己梦寐以求的白色 iPhone 4。所以，apple 的 slogan 简约而不简单。新款的 iPhone 6 和 iPhone 6s 的 Slogan 依旧简短而有力，如图 11-16 和图 11-17 所示。

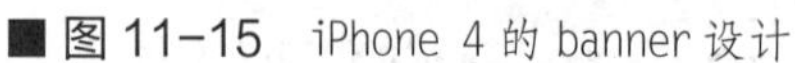
■ 图 11-15　iPhone 4 的 banner 设计

■ 图 11-16　iPhone 6 的 banner 设计

■ 图 11-17　iPhone6s 的 banner 设计

11.1.3　设计广告 banner 的注意事项

一般来说，制作一个 banner 分为两个部分，文字和辅助图。虽然辅助图占的面积比较大，但如果不加入文字说明，用户就不明白 banner 要表现和说明的内容，所以文字是整个 banner 的主角，制作 banner 时特别要注意对文字的处理和摆放。

banner 的设计质量严重影响着整个网站页面的质量，一个好的页面、好的 banner 能够吸引浏览者的眼球。虽然 banner 只是网页页面中一个小元素，但是这个小元素往往能够起到关键性的作用。所以在进行 banner 设计时需要引起足够的重视。

1. banner 设计中的文字注意事项

（1）分清主标题和副标题，从主次上来说，主标题为主，字体要大颜色要醒目。副标题起到从内容上和形式上都辅助主标题的作用。一个好的 banner 标题文字处理都比较饱满，比较集中。

（2）如果主标太长，需求方不删文字的情况下，对主标中重要关键字进行权重分析，突出主要的信息，弱化“的”“之”“和”“年”“第 X 届”这种信息量不大的词。

（3）如果需求方整体文字太短，画面太空，可以加入一些辅助信息丰富画面。如英文、域名、频道名等。

2. Banner 有动态和静态两种

在浏览网页的过程中，虽然闪烁的图案会产生瞬间记忆刺激，引起注意，但这种记忆往往为压迫性的，易产生负面效应，从而模糊记忆。而稳定的画面不易引发特殊的关注，但如果有良好的界面引导和内容，可产生良性的记忆，持久而牢固。根据粗略统计，大约 33.3% 的 Banner 是静态的。

3. Banner 的“重量”要轻

以 468×60 像素的 Banner 为例，大小最好是 15 K 左右，不要超过 22 K。而 88×31 像素的 Banner 最好在 5K 左右，不要超过 7K，太大的 Banner 会引起网页打开速度降低，导致浏览量下降。另外，太多的广告会影响浏览网页，导致浏览者反感。所以网页要考虑广告的大小和数量，以及搭配问题。

4. 需要注意的问题

（1）Banner 的文字不能太多，用一两句话来表达即可。

（2）广告语要朗朗上口，可以第一时间的让人捕获表达的重点。

（3）图形无须太烦杂，文字尽量使用黑体等粗壮的字体，否则在视觉上很容易被网页其他内容淹没。

（4）图形尽量选择颜色少，且能够说明问题的图形。

（5）如果选择颜色很复杂的物体，要考虑在低颜色数情况下，是否会有明显的色斑。

（6）尽量不要使用彩虹色、晕边等复杂的特技图形效果，否则会大大增加图形所占据的颜色数，增大体积。

（7）产品数量不宜过多。很多需求方总是想展示更多产品，少则 4 ～ 5 个，多则 8 ～ 10 个，结果使得整个 Banner 变成产品的堆砌。Banner 的显示尺寸非常有限，摆放太多产品，反而被淹没，视觉效果大打折扣。所以，产品图片不是越多越好，易于识别是关键。

11.2 课堂学习——天猫“双十一”广告 banner 的制作

首先，欣赏天猫“双十一”广告banner，要获取相关教学视频可以扫描二维码，进入到网站，并在搜索栏上输入“动画制作”即可。

请扫一扫获取相关微课视频

步骤一：新建一个 Flash 文件（ActionScript 2.0），并将“文档属性”中的尺寸设置为 1024 像素 ×200 像素。绘制一个与舞台尺寸同样大小的矩形，填充紫色，并将矩形转换为图形元件，命名为“紫色背景”。如图 11-18 所示。

■ 图 11-18 绘制紫色背景图形元件

步骤二：制作“紫色背景”图形元件。将“图层 1”命名为“紫色背景”，并从库中拖动“紫色背景”图形元件至舞台中央，直至布满舞台，在第 10 帧，插入关键帧，在两关键帧间创建传统补间。

步骤三：绘制 6 个粗细不一的矩形，并分别填充橙色、黄色、浅紫色、蓝色、黄色、橙色，如图 11-19 所示。接下来，新建 6 个图层，分别命名为“紫色左边”“橙色左边”“黄色左边”“橙色右边”“黄色右边”“蓝色右边”，制作 6 个矩形的形变动画，创建补间形状，让 6 个矩形依次由短变长，让画面具有跳跃活泼之感，最终，所有矩形都完成形变，成为相同的高度，如图 11-20 所示。时间轴上的设置见图 11-21。

■ 图 11-19 矩形

■ 图 11-20　矩形形变

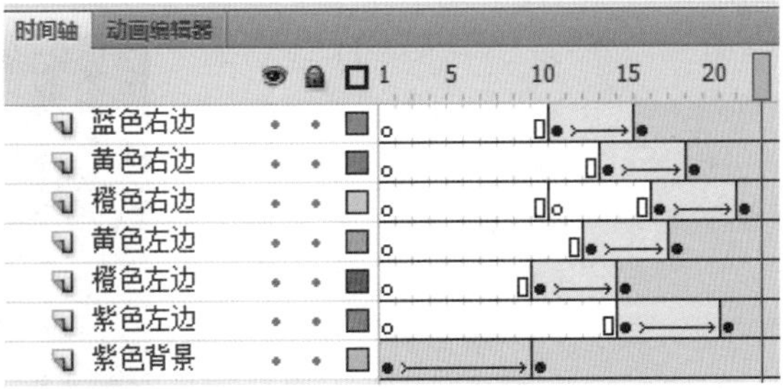

■ 图 11-21　时间轴设置

步骤四：制作 6 个矩形向中心靠拢的形变动画。在对应的图层上，在时间轴上某个时间插入关键帧，接着在之后的第 6 帧上插入关键帧，将对应的矩形移动到舞台中心位置，并将其缩小，在两个关键帧之间创建补间形状。其他矩形使用同样的制作方法，如图 11-22 所示，最终，所有的矩形向中心靠拢，如图 11-23 所示。时间轴上的设置如图 11-24 所示。

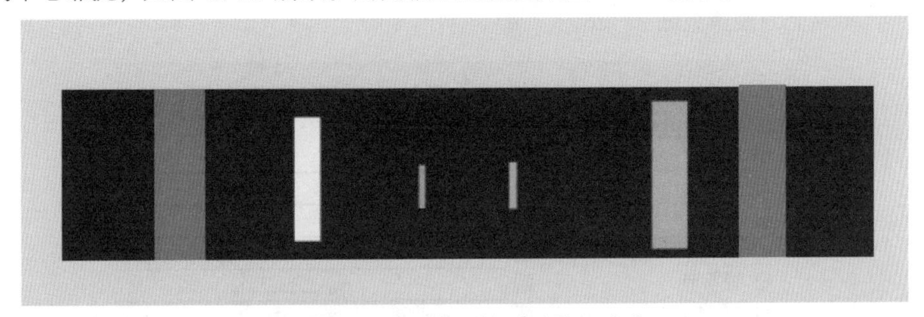

■ 图 11-22　矩形依次向中心靠拢

■ 图 11-23　完成靠拢

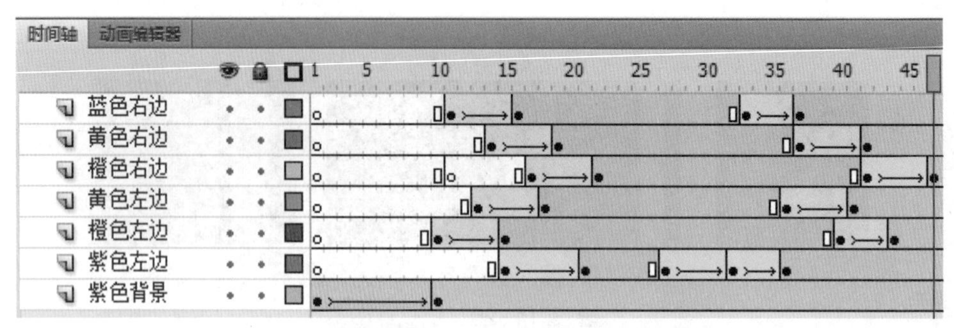

■ 图 11-24　时间轴设置

步骤五：新建4个图层，分别命名为“猫耳朵”“11.11”“狂欢节”“日期”。在“猫耳朵”图层上，用白色线条绘制如图 11-25 的图形，并转换为图形元件。在“11.11”图层上，输入文字“11.11”，选择合适的字体样式，让文字看起来像猫的眼睛和嘴巴，将文字执行两次分离命令，并转换为图形元件。在“狂欢节”图层，输入文字“全球狂欢节”，并选择“华文琥珀”字体样式，将文字转换为图形元件。最后，在“日期”图层，输入文字“天猫 2015”，并选择“华文琥珀”字体样式，也将文字转换为图形元件。在对应的图层上，制作各个元素依次出现的动画效果，在“猫耳朵”图层，制作由上往下，由透明至不透明的传统补间动画；在“11.11”图层，制作由小变大，由透明至不透明的传统补间动画；在“狂欢节”图层，制作由下往上，由透明至不透明的传统补间动画；在“日期”图层，制作由透明至不透明的传统补间动画。时间轴上的设置见图 11-26。

图 11-25　绘制 logo 图形元件

■ 图 11-26　logo 元素的时间轴设置

步骤六：制作 logo 图案从中心往舞台左上角移动的传统补间动画。为了方便制作，需要用到屏幕截图工具来辅助制作。打开电脑“开始菜单”——“所有程序”——“附件”——“截图工具”，将 logo 部分，屏幕截图并保存为 logo.jpg 格式。新建一个图层，命名为“logo”，在步骤五的动画内容结束的时间后面，插入关键帧，导入 logo.jpg，将其转换为图形元件，制作该图形元件从舞台中心往左上角移动的传统补间动画，如图 11-27 所示。

■ 图 11-27　logo 图形元件移动

步骤七：制作品牌标识出现的动画效果，新建一个图层，命名为“MK”，在舞台中央输入文字“MK”，并将文字执行两次分离命令，将字母 M 的右边笔画和字母 K 的左边笔画重合，如图 11-28 所示，将其转换为图形元件。

■ 图 11-28　品牌标识出现

新建一个图层，命名为“圆圈”，在 MK 字母外绘制一个白色圆圈，并将其转换为图形元件。在相对应的图层，制作“MK”图形元件由小变大的传统补间动画，“圆圈”图形元件由透明至不透明的传统补间动画，最终效果见图 11-29。品牌标识停留 12 帧之后，从舞台中央移动到舞台右边，如图 11-30 所示。

■ 图 11-29　品牌标识出现的最终效果

步骤八：制作广告标语的动画效果。新建两个图层，分别命名为“双十一”和“迈克”，在“双十一”图层，输入文字“双 11 全球狂欢节”，设置字体大小和样式，并转换为图形元件；在“迈克”图层，输入文字“迈克·科尔斯携手陪你度过”，设置字体大小和样式，并转换为图形元件。在相对应的图层，制作“双 11 全球狂欢节”图形元件由上往下运动的传统补间动画，制作“迈克科尔斯携手陪你度过”图形元件由下往上运动的传统补间动画，如图 11-30 所示。

■ 图 11-30　广告标语动画效果

步骤九：制作切换背景图的动画效果。为了方便操作，需要用屏幕截图工具来辅助制作。打开电脑“开始菜单”——“所有程序”——“附件”——“截图工具”，将 logo 部分，屏幕截图并保存为“背景 .jpg”格式。在“紫色背景”图层上，在即将要切换背景的帧上，插入空白关键帧，将“背景 .jpg”导入到舞台中央，移动背景图直至与原图完全重合，并将背景图转换为图形元件。新建一个图层，命名为“粉色背景”，使用“矩形工具”绘制一个与舞台相同尺寸的粉色矩形，并转换为图形元件。在相对应的图层上，制作紫色背景图和粉色背景图由左至右移动的传统补间动画，直至粉色背景图布满舞台，如图 11-31 所示。

■ 图 11-31　背景的切换动画

步骤十：制作包包产品展示的动画。设计意图是用一个大圆盘陈列包包产品，并不停旋转以吸引人的注意力。使用“椭圆工具 (O)”，按住【Shift】键，绘制一个浅黄色的正圆形；再绘制一个比浅黄色正圆形稍小一些的粉色正圆形，颜色与“粉色背景”的颜色相一致，将粉色正圆形与浅黄色正圆形的圆心对齐，如图 11-32 所示。接下来，导入包包图片到库，将图片拖动至舞台，由于包包图片带有白色背景，必须进行抠图处理。执行分离命令，将包包图片分离成为散件；选择工具栏上的“套索工具”，在工具栏下方，单击“魔术棒”工具，在包包图片的白色背景上单击，然后按键盘上的【Delete】键，即可将白色背景删除，按【Ctrl+G】组合键，将抠图完成的包包图形组合起来。每一张包包图片抠图处理完成后，调整大小，并摆放好位置，如图 11-32 所示。最后，将大圆盘和所有包包图片共同转换为一个图形元件“包包”。

步骤十一：制作“圆圈旋转”影片剪辑。在菜单栏上选择“插入”——“新建元件”——“影片剪辑”，将影片剪辑命名为“圆圈旋转”，如图 11-33 所示。将“包包”图形元件拖动至舞台中，将其圆心与舞台中心对齐，制作“包包”图形元件顺时针旋转的传统补间动画，时间轴上的设置和“属性”面板上的设置如图 11-34 和图 11-35 所示，“属性”面板上设置旋转“顺时针”，“1”次。回到场景 1 中，将原来制作的“包包”图形元件替换为“圆圈旋转”影片剪辑。操作方法为：在“包包”图形元件上右击，选择“交换元件”命令，在弹出的对话框中，选择“圆圈旋转”影片剪辑。

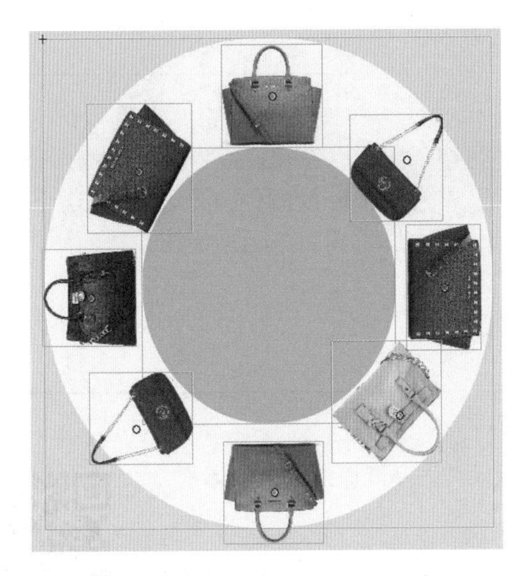

■ 图 11-32　“包包”图形元件

■ 图 11-33　插入影片剪辑“圆圈旋转”

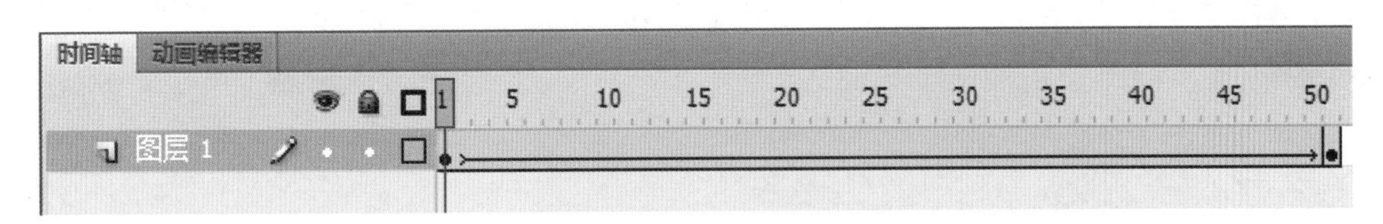

■ 图 11-34　时间轴设置

步骤十二：插入广告标语动画。新建两个图层，分别命名为“文字”和“logo2”，在文字图层输入文字“决战双 11·狂欢节”，并将其转换为图形元件。在“logo2”图层，再次将 logo 图形元件拖动到舞台。在相对应的图层，制作“文字”图形元件从右至左移动，由透明至不透明的传统补间动画，制作“logo2”图形元件由大变小，由透明至不透明的传统补间动画，如图 11-36 所示。

■ 图 11-35　属性面板设置

■ 图 11-36　添加广告标语动画

制作完成后，将文件发布为 .swf 格式，并播放进行测试，若需要修改，返回到 .fla 源文件进行修改。最后，将成品插入至网站中进行测试。

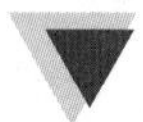

本章小结

本章主要介绍广告 banner 的设计理念和制作方法，在课前学习的内容中，介绍了广告 banner 的颜色搭配、构图分类、软文设计等，并强调了制作广告 banner 应该注意的几个事项。在课堂学习中，通过一个实例——天猫“双十一”广告 banner 的制作，介绍了制作广告 banner 的方法，读者应当合理建立图层，及时创建图形元件和影片剪辑，运用传统补间、补间形状制作各种元素的动画效果。

课后检测

操作题

请完成如图所示的网页 banner 图动画，文档尺寸为 960 像素 ×150 像素，相关素材在光盘中。

请扫一扫获取
相关微课视频

影视类多媒体课件制作

课前学习任务单

学习主题：动画镜头

达成目标：了解镜头的分类

学习方法建议：在课前浏览书本 12.1 节的内容进行学习，使用“摄像机镜头模拟系统”学习镜头的分类

课堂学习任务单

学习任务：制作初中地理课件《黄石公园》

重点难点：音频、音效、字幕和画面的同步

学习测试：制作《枫桥夜泊》语文课件

12.1 课前学习——学习动画镜头

动画的世界是虚拟的世界，动画的镜头设计也是虚拟实拍摄影机镜头设计，那么认真研究动画电影语言的核心要素之一的运动镜头语言，对于做好动画电影具有十分重要的意义。动画镜头设计所要达到的目的就是虚拟真实的实拍效果，它是电影性与绘画性的结合，也是动画设计者对动画镜头设计所要追求的目标。

运动镜头是影视作品一种独有的表现形式，它不但丰富了画面的语言，也带给观众更多的视听享受。通常，摄像机的运动有两个基本惯例：其一是按照情节来运动，其二是在运动过程中必须保持良好的画面效果。运动镜头是对景别和角度的修饰和扩充，并跟固定机位的拍摄互相补充。运动摄影可以连续地表现时间和空间以及视觉中心的转换。由于可以不经过剪辑和割裂镜头来表现时间的发展过程，运动镜头可以更完整真实的记录事件的发生和发展。虽然运动的镜头给影片带来了新的空间和自由，但在运用过程中它也会轻易的破坏幻觉，不恰当地使用运动镜头会影响影片的节奏，甚至和故事含义发生矛盾。要获得成功的画面调度，不仅要知道如何去创造它，更要知道调度的时机和目的。

镜头技术是 Flash 动画制作的一种常用手段。一部 Flash 动画片的制成，首先是制作者把剧情分切成许多不同视距的 Flash 场景镜头（如：全景、中景、近景、特写等），并进行逐个编辑、组合，最后组接而成的。

镜头的景别一般分为远景、全景、中景、近景和特写，不同景别的画面将影响人的生理和心理，并产生不同的视觉投影和情感回应。

（1）远景：它适合展示事件发生环境和人物活动背景，展示事件规模和气氛，如图 12-1 所示。

■ 图 12-1　远景图像

（2）全景：可清楚地看到人的全身。它适合表现人物全身形体运动（步行、跳舞、攀登等），表现事件的全貌，交待时间、地点和时代特征等，并有利于表现人与环境的关系，如图 12-2 所示。

■图 12-2　全景图像

（3）近景：腰部以上的人像为近景，这种镜头既能让观众看清人物的面部表情，又可看到半身的动作和手势，使观众对角色产生一种交流感，如图 12-3 所示。

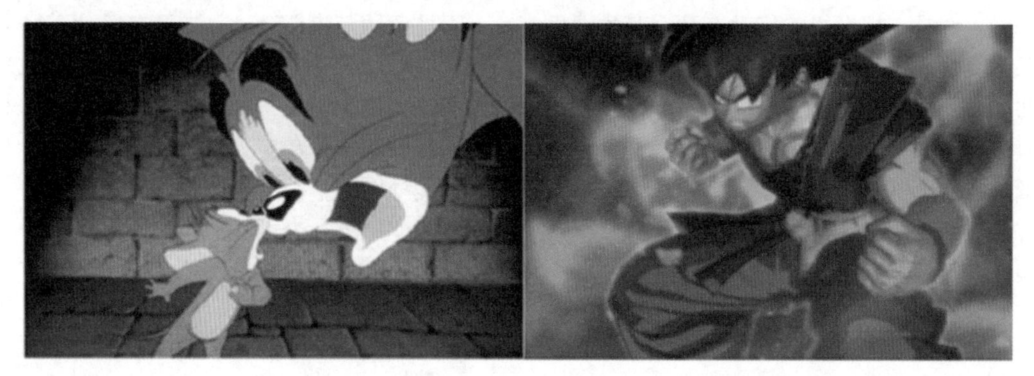

■图 12-3　近景图像

（4）特写：肩部以上的人物镜头为特写。它把人或物完全从环境中推出来，让观众更集中，更强烈地去感受角色的面部表情和内在情绪，突出特定人物的情绪，细腻刻画人物性格，如图 12-4 所示。

■图 12-4　特写图像

镜头的运动形式通常包括：推、拉、摇、移、跟等形式，每一种运动形式都能产生不同的视听效果，引起观众强烈的心理反映。

1. 推、拉镜头

推、拉镜头都是通过变化焦距的方法使画面的景别发生由大到小或由小到大的连续变化，对观众有极强的引导效果。推镜头画面中，主体由小变大，环境面积由大变小，甚至被推出画面。在镜头前进的过程中，主体被凸显出来，视觉重力不断递增，剧中的主体越来越清晰，观众仿佛越来越贴近剧中情景。例如，动画片《钢琴之森》，影片开始不久，伴随一段优美的音乐声，出现一片浓密而深邃的森林。镜头由远而近，慢慢地，慢慢地推进，定格在一片稍微空旷的森林之中，那里安静的摆放着一架黑色的神秘而又华丽的钢琴，观众也跟随着这组镜头仿佛来到了这个森林之中。同时，也预示着这架钢琴将赋予重要的角色。拉镜头，其画面的运动效果和推镜头正好相反。拉镜头可以造成主体面积越来越小，感觉上是逐渐融入了环境，有时也用来制造悬念。在美国动画片《狮子王》最后一场戏中，当辛巴战胜一切，动物们又恢复以前快乐的生活，这时辛巴的儿子出生，老狒狒推起小小的狮子王，镜头慢慢拉出到整个草原。观众跟随着这组镜头结束了整部影片的欣赏，同时也将自己定格在了那片大草原上。推、拉镜头有着基本一致的创作规律和一般要求。不同的是，推镜头要以起幅为重点，拉镜头应以起幅为核心。推、拉镜头经常用来在整个镜头拍摄过程中保持固定的画面构图。

2. 摇镜头

摇摄是指当摄像机机位不动，借助于三角架上的活动底盘或拍摄者自身，变动摄像机光学镜头轴线的拍摄方法。用摇摄的方式拍摄的电视画面称为摇镜头。摇镜头犹如人们转动头部环顾四周或将视线由一点移向另一点的视觉效果。一个摇镜头从起幅到落幅的运动过程，迫使观众不断调整自己的视觉注意力。摇镜头可以很好的展示空间环境，有利于通过小景别画面包容更多的视觉信息，我们熟知的日本动画大师宫崎骏，他的每部代表作当中都用到摇镜头的方法来交待场景。影片《千与千寻》中无论是交待小千与父母吃饭的场景，还是展示汤婆婆的油屋，导演都采用了摇镜头的拍摄方法，从一个较低的视点摇镜头到整个全部场景，通过镜头的牵引产生强透视，给观众制造紧张气氛，让人感觉到这个建筑的神秘和给人带来的压力。在影片《魔女宅急便》中，小魔女骑着扫把飞行。镜头开始时，观众看到的是小魔女的正面，由远而近迎面飞来；当小魔女靠近摄像机位置时，镜头随即跟着小魔女向右摇转，画面效果是小魔女的侧面从镜头前快速飞过，然后观众看到的是小魔女的背面由近而远的飞去。这个镜头也是模拟实拍中摇镜头的原理，利用动画摄像机固定不动的特点，使景物移动来代替摄像机摇动，将摇镜头过程中的透视上的远近变化绘制在背景上，以达到模仿实拍中摇镜头的效果。这组镜头给观众带来了很好的穿越感，形成了注意力的起伏，仿佛一个小魔女在自己眼前飞来飞去。

3. 移、跟镜头

移镜头是摄影机沿着平行方向或左右或上下或按一定斜度拍摄的镜头。移镜头是机器自行移动，不跟随被摄对象。它类似于生活中的边走边看的状态。移镜头同摇镜头一样能扩大银幕二维空间影像能力，但因机位不是固定不变的，所以比摇镜头有更大的自由，它能打破画面的局限，扩大空间视野，表现广阔的生活场景。例如，影片《龙猫》中有这样一组镜头，首先镜头对准乡间的公路，一辆装满奇奇家家具的货车从画面右下方驶入画面，向左上方行驶。镜头随着小货车行驶的方向开始向斜上方移动。目的是为了表现更为广阔的乡间环境。跟镜头是指摄影机跟随被摄对象保持等距离运动的移动镜头。跟镜头始终跟随着运动着的主体，有特别强的穿越空间的感觉。跟镜头能够连续而详尽地表现运动中的被摄主体，它既能突出主体，又能交待主体运动方向、速度、体态及其与环境的关系。在影片《龙猫》中表现小米从房子一边追逐小龙猫到另一处房基的洞口的过程，运用了斜移跟拍的手法，从而表现角色的运动弧形路线。

当然，运动镜头的表现还有很多种形式，对于动画片中运动镜头语言的掌握是现代动画工作者应具备的素质。调节并安排设计好运动镜头语言，对影片的风格、效果、叙事、烘托等都有着重要的作用。动画可以表达出与影视不同的意境与风格，可以任想象自由的飞翔，动画与影视语言的结合才能使动画艺术的世界更加充满魅力，要使他们很好的结合不光要有好的艺术功底，还需要对于影视手法技术的娴熟，所以掌握好运动镜头语言对一个动画人来说是必胜的法宝。

课前学习任务：请大家使用光盘中的“摄像机镜头模拟系统”来进行操作，体会推、拉、摇、移、跟、晃镜头的区别，如图 12-5 所示。

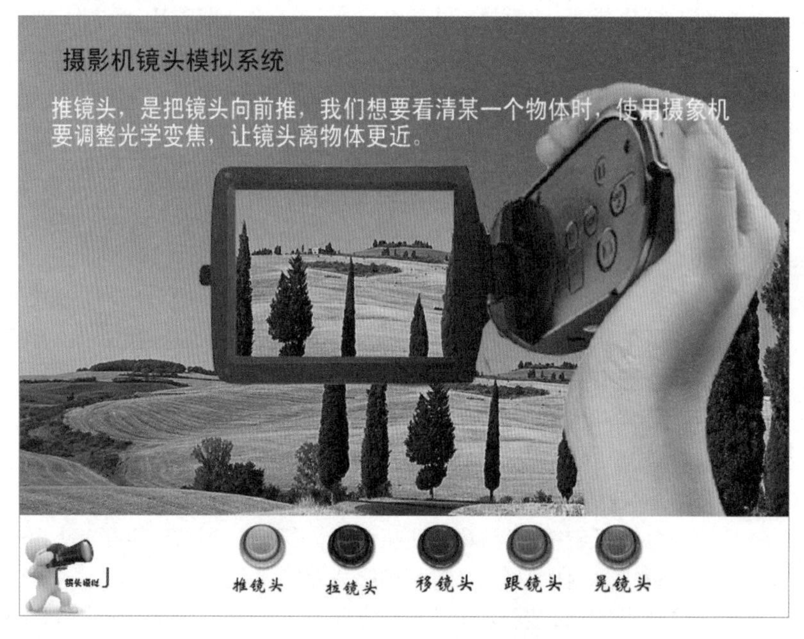

■ 图 12-5　摄像机镜头模拟系统

12.2 课堂学习——镜头在 Flash 中如何实现

Flash 动画成为了电视、网络、手机等新媒体机上传播的焦点，要表达故事，要将动画导演的意图通过画面表达给观众，就需要镜头，因 Flash 动画是通过软件制作，并没有真实的摄像机操作，要将常用镜头在 Flash 动画中表现出来，就需要特殊的方法来表现，本节将通过简单图示介绍 Flash 动画的常用镜头，如图 12-6 所示。

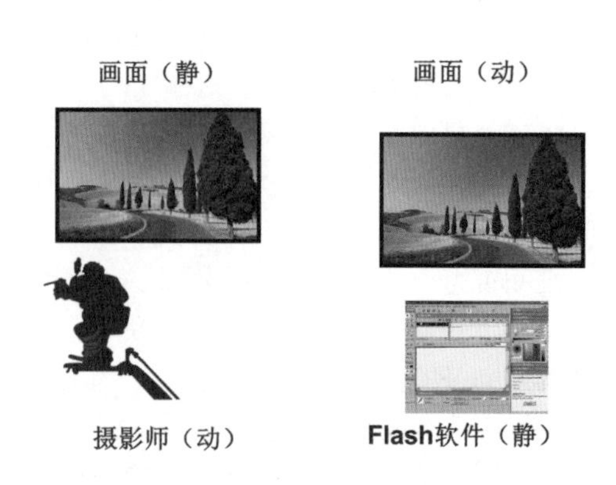

■ 图 12-6　摄影机镜头与 Flash 中的镜头的区别

1. 推镜头在 Flash 中的表现方式

在 Flash 中，准备好使用镜头的画面后，就可以制作一个“推镜”了，如第 1 帧中，人物在画面中显示的非常小。在第 20 帧按【F6】插入关键帧，使用“任意变形工具”将画面调整大一些，画面中显示的人物比例也随着变大。在第 1 帧～第 20 帧之间添加补间动画，这样画面由小变大，画面中的物体也随之变大了，就是“推镜”的表现方法。Flash 8.0 可以通过“属性”面板添加补间动画，Flash CS4 和 CS5 可以通过时间轴右击添加传统补间。

2. 拉镜头在 Flash 中的表现方式

在 Flash 中，准备好使用镜头的画面后，就可以制作一个“拉镜”了，制作“拉镜头”首先确认画面足够大，这样在制作“拉镜头”图片由大变小的时候才不会出现穿帮。在第 1 帧中将制作“拉镜头”的画面按【F8】转换为图形元件，保证舞台外的画面够大，够制作画面缩小的范围，然后在第 20 帧按下键盘【F6】插入关键帧，使用“任意变形工具”将图形调整小一些。在第 1 帧到第 20 帧之间添加补间动画，这样画面由大变小，画面中的物体也随之变小，但是视野开阔，同等的区域呈现的物体多了，就是“拉镜”的表现方法。

3. 摇镜头在 Flash 中的表现方式

“摇镜头”其实是传统摄像的一种方法，镜头被固定，通过转动摄像机镜头，也就是由一个点开始转动摄像机进行拍摄。Flash 只是二维矢量软件，无法做到 3D 软件所能达到的镜头方式，虽然 Flash 不能直接做“摇镜头”的画面，但是可以通过其他方式制作“摇镜头”。

在 Flash 软件中制作“摇镜头”，首先要从背景“画面”入手，通过画面模仿摄像机在固定点转动拍摄的效果。在绘制“画面”时，要注意一定的透视，比如画面的两端，两端点进行延长可以实现交叉的两点透视。在准备好了这样的画面后，就可以在移动“主体”的同时，移动背景“画面”，制作“摇镜头”了。“摇镜头”制作要求较高，需要有一定的美术功底，因为不仅是“背景”需要有“透视”，“背景”前的“主体”也需要有不同的角度，“主体”和“背景”两个图层同时运动，在 Flash 中才产生了“摇镜头”的效果。

4. 移镜头在 Flash 中的表现方式

准备使用“移镜”的画面，画面中会有很多图形，比如人物和一些场景，统一选择，按【F8】键转换为一个图形元件，很多图层或同一个图层中的图形转换为一个整体，就方便制作各种镜头方式的动画，这样制作避免了很多图层在移动时画面缓慢的情况。

制作“移镜头”的画面，首先就要求画面要长一些，不管是从上到下“移镜头”还是从左到右“移动头”，都要求我们准备制作“移镜头”的“画面”要长一些。如制作一个从左到右的“移镜头”，在第 1 帧中，舞台外有很长的一段画面，在第 20 帧中，将舞台外的画面移动到舞台内。在第 1 帧到第 20 帧之间添加补间动画，添加完补间动画后，画面开始向右移动，随着移动可以看到了舞台外的画面内容，这样的画面从一点到另一点的移动，就是“移镜头”。

分类	摄影机镜头的实现	动画镜头的实现
推	调变焦，向前伸	画面放大
拉	调变焦，向后缩	画面缩小
上移	向上移动镜头	画面向下移动
左移	向左移动镜头	画面向右移动
跟	镜头跟随	画面缩放
旋转	镜头顺时针旋转	画面逆时针旋转

■ 图 12-7　摄影机镜头与动画镜头实现的区别

动画镜头与摄影机镜头是相反的方向，如图 12-7 所示。

12.3 制作课堂学习——制作初中地理课件《黄石公园》

本课件是一个地理风光欣赏视频，总共使用 27 张图片，用动画镜头使图片产生运动效果，画面切换自然，镜头平稳流畅，让人有身临其境的感觉。如何使用图片制作出视频动画效果，制作流程分 4 步。

请扫一扫获取相关微课视频

1. 编写剧本

剧本内容主要介绍美国黄石公园的历史、地理环境、自然风光、气候条件、生物物种等，剧本内容分 13 个场景。

场景 1：黄石公园位于美国西部北落基山和中部落基山之间的熔岩高原上，北美大陆分水岭沿黄石公园西南部流过。

场景 2：1872 年 3 月 1 日它被正式命名为保护野生动物和自然资源的国家公园，这是世界上第一个最大的国家公园。

场景 3：黄石国家公园拥有世界上最大的石化林。很久以前，树木被火山灰和土壤埋没；之后，这些埋没的木材转变成了矿物物质。

场景 4：公园里有至少 4.6 米高的瀑布 290 座，最高的瀑布就是 94 米高的黄石河下游的黄石瀑布。

场景 5：黄石公园里有三个幽深的峡谷。它们通过那些延续了 64 万年的河流斜着穿过黄石高原的火山凝灰岩。

场景 6：黄石河向北流过的行程已经雕刻了两个色彩斑斓的峡谷——黄石大峡谷和黄石黑峡谷。

场景 7：公园自然景观丰富多样，园内最高峰为鹰峰（Eagle Peak），海拔高度为 3465 米，黄石公园被美国人自豪地称为“地球上最独一无二的神奇乐园”。

场景 8：园内交通方便，环山公路长达 500 多公里，将各景区的主要景点联在一起。徒步路径达 1500 多公里。

场景 9：黄石火山喷口是北美最大的火山系统。它被称为“超级火山”，因为这个火山喷口是由特大爆炸性的喷发而形成的。

场景 10：黄石公园有 300 个间歇喷泉，而且至少有 1 万个地热地形。一半地热地形和全世界三分之二的间歇喷泉都集中在黄石公园里。黄石公园中的大棱镜彩泉，被誉为“地球上最美丽的表面”。

场景 11：公园的气候受其纬度的影响，夏天的午后经常伴有暴雨。春季和秋季温度范围为零下 1℃至 16℃，冬天非常寒冷，通常最高温度介于零下 20℃至零下 5℃。

场景 12：作为全美最大的野生动物保护区，黄石公园居住着大量的野生动物，在黄石公园见到最多的是成群的美洲野牛，时常还能看到麋鹿和羚羊。人们甚至有机会看到驯鹿用坚实的大角争斗，小黑熊在草原上嬉戏，时不时能看见老鹰从天空中展翅飞过。

场景 13：这就是美国黄石国家公园，是地热活动的温床，有一万多个地热风貌特征；落基山脉创造了无数秀丽的山峦、河流、瀑布、峡谷，其石灰岩的结构又让大地添上美丽多姿的颜色；无数的野生动物赋予它生生不息的生命，这是一个美丽的、神奇的、令人向往的地方。

2. 场景设计

根据剧本内容，收集相关图片素材，由于课件的文档尺寸为 1280px × 720px，所以选择的图片素材也必须是大尺寸图，否则容易出现锯齿状失真。所选择的图片必须与场景文字内容相吻合，按照剧本的文字内容，从 1 开始命名图片名称，按照顺序依次命名，存储在 images 文件夹中。如图 12-8 所示。

■ 图 12-8　收集图片素材

3. 动画制作

当剧本和图片素材都准备完成之后，开始 Flash 动画的制作。为了能实现运动镜头的效果，我们需要绘制一块“黑幕”遮挡住舞台之外的部分。这样，在播放动画时，观众只能看到舞台上的动画内容，被“黑幕”遮挡住的一切图片和动画内容，观众无法观看到，这样才能制做出犹如电影一般的作品。

新建一个图层，命名为“黑幕”。选择工具栏上的“矩形工具”，沿着舞台的四条边，绘制四个大矩形，并使用黑色进行填充，绘制完成后，将 4 个矩形用【Ctrl+G】快捷键进行组合。如图 12-9 所示。

■ 图 12-9　制作“黑幕”

接下来，新建一个图层，命名为“片头”，将其放置在“黑幕”图层的下方。将所有的场景图片导入到库中，从库中拖动一幅片头图片，并将该图片转换为图形元件，命名为“片头”。为了制作“推镜头”的效果，将“片头”图形元件制作由小变大的传统补间动画，如图 12-10 所示。

■ 图 12-10　制作“推镜头”动画效果

接下来，新建“片头文字”图层，将标题文字输入，并转换为图形元件，制作由上至下运动、元件从透明到不透明的文字动画。在菜单栏中选择“视图”——“标尺”，用标尺工具定位文档的垂直中线位置，以及字幕显示的位置，如图 12-11 所示。

■ 图 12-11　制作片头

使用运动镜头，将各个场景的图片连接起来，如图 12-12 的“拉镜头”动画效果，则是将场景中的图形元件制作由大变小的传统补间动画，需要注意的是，图片一定要布满舞台，不能比舞台小，不然露出空隙部分就“穿帮”了。

为了让不同的场景图片切换效果更加自然，可以增加“转场”动画效果。这里，我们制作黑色渐变的“淡入淡出”转场效果。首先，新建一个图层，命名为“转场”，绘制一个跟舞台一样大小的黑色矩形，并转换为图形元件，命名为“转场”。制作该图形元件的由透明到不透明，再由不透明到透明的传统补间动画。时间轴上的设置见图 12-13。

■ 图 12-12　制作“拉镜头”动画效果

将所有的图片切换效果都制作完成之后，需要添加字幕和徽标。首先，新建一个图层，命名为“徽标”，在舞台上输入文字“美国地理——黄石公园”和“Yellowstone National Park”，并调整字体大小为 36 点，白色。再新建一个图层，命名为“字幕条”，用“矩形工具”绘制一个横跨整个舞台的白色半透明矩形。由于徽标和字幕条一旦确定好位置，就不再被修改，需要将这两个图层锁定。

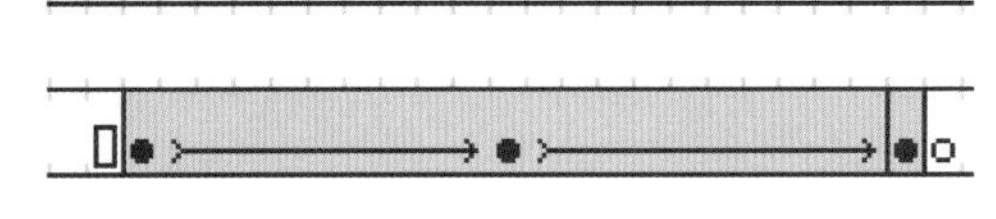

■ 图 12-13　转场效果制作

最后，根据场景的内容，增加字幕文字。新建一个图层，命名为“字幕”，置于“字幕条”图层之上。在需要添加字幕的时间轴上，插入关键帧，将相关文字内容输入，如图 12-14 所示。

■ 图 12-14　添加徽标和字幕

在片尾部分，将舞台填充为黑色，并输入文字“The End”和“感谢观看”，将文字转换为图形元件，制作该图形元件由透明到不透明的传统补间动画效果，如图 12-15 所示。

4. 后期合成

后期合成包括镜头合成、音乐合成、配音合成。在音乐合成上，新建一个图层，命名为“音乐”，将所选择的音乐文件导入到库中，在“属性”面板中，将声音“名称”选择为音乐文件的名称，并将“效果”设置为“淡入”，“同步”效果设置为“数据流”。如图 12-16 所示。配音文件的添加也使用同样的方法。

最终，时间轴上的图层设置见图 12-17，“黑幕”图层位于所有图片切换图层的上方，才能呈现出电影般的动画效果。

■ 图 12-15 制作片尾

■ 图 12-16 添加音乐

■ 图 12-17 图层内容

5. 作品发布

作品制作完成后，要发布为浏览器支持的格式。选择菜单栏“文件”——“发布设置”，打开对话框，选中 Flash(.swf)、HTML(.html)、Windows 放映文件 (.exe) 复选框，然后单击“发布”按钮。其中，.swf 文件支持视频播放器和浏览器，.html 文件支持浏览器，.exe 文件是可执行文件，在任何没有安装 Flash、视频播放器、浏览器的计算机上，都可以双击打开，如图 12-18 所示。

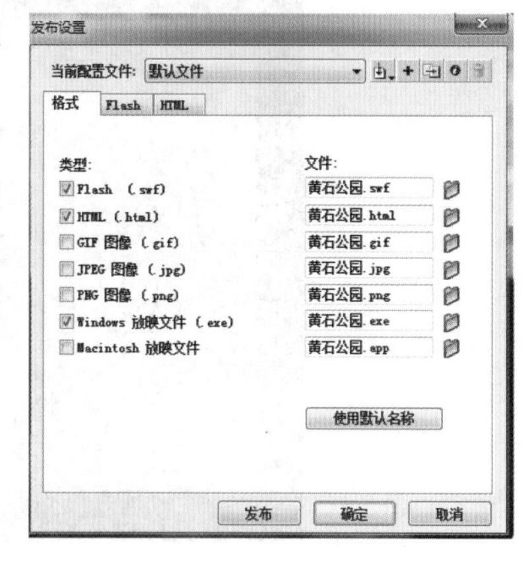

■ 图 12-18 发布设置

本章小结

本章主要学习了多媒体课件制作中的视频类课件，为了达到更好的视频播放效果，学习了动画镜头的基本知识。镜头技术是 Flash 动画制作的一种常用手段。一部 Flash 动画片的制成，首先是把剧情分切成许多不同视距的 Flash 场景镜头（如全景、中景、近景、特写等）进行逐个编辑、组合，最后组接而成的。

课后检测

操作题

制作《枫桥夜泊》语文课件。请根据所给的文字、图片和音频素材，制作诗歌动画《枫桥夜泊》，如图 12-19 所示，导入诗歌朗诵的音频文件，添加字幕，并实现动画镜头的效果。制作完成之后，请发布为 Flash(.swf)、HTML(.html)、Windows 放映文件 (.exe) 三种格式的文件。

■ 图 12-19　动画《枫桥夜泊》

请扫一扫获取
相关微课视频

第13章 Flash节日贺卡的制作

课前学习任务单

学习主题：节日的认识及贺卡欣赏
达成目标：了解节日贺卡的表现手法
学习方法建议：在课前学习教材 13.1 节的内容，观看视频进行学习

课堂学习任务单

学习任务：制作《元旦快乐》节日贺卡
重点难点：图形和文字的细节表现
学习测试：选择一个节日，制作节日贺卡

13.1 课前学习——Flash 节日贺卡欣赏

1. 春节贺卡

时间：农历正月初一至正月十五

英文：The Spring Festival

释义：春节是农历的一岁之首，俗称“大年”，也叫“大年初一”。

起源：春节，在中国大约有四千多年的历史了。它是中国民间最热闹、最隆重的一个传统节日。古代的春节，是指农历二十四个节气中的“立春”时节，南北朝以后才将春节改在一年岁首，并泛指整个春季，这时大地回春，万象更新，人们便把它作为新的一年的开始。到了辛亥革命后的民国初年，改农历为公历后，便将正月初一定为春节。直到 1949 年 9 月 27 日，中国人民政治协商会议上才正式把正月初一至正月十五的新年定为“春节”，因而至今仍有许多人将过春节称为过年，春节贺卡见图 13-1。

习俗：守岁、放鞭炮、贴春联、拜年、吃饺子。

■图 13-1　春节贺卡

2. 元宵节贺卡

时间：农历正月十五

英文：Lantern Festival

释义：中国一个重要的传统节日。正月十五日是一年中第一个月圆之夜，也是一元复始，大地回春的夜晚，人们对此加以庆祝，也是庆贺新春的延续，因此又称“上元节”，在古书中，这一天称为“上元”，其夜称“元夜”“元夕”或“元宵”。而元宵这一名称一直沿用至今，元宵贺卡见图 13-2。

习俗：由于元宵节有张灯、看灯的习俗，民间又习称为“灯节”。此外还有吃元宵、踩高跷、猜灯谜、舞龙、赏花灯、舞狮子等风俗。

■ 图 13-2　元宵节贺卡

3. 清明节贺卡

时间：公历四月四日前后

英文：Tomb-sweeping Day

释义：清明节是中国最重要的祭祀节日，是祭祖和扫墓的日子。扫墓俗称“上坟”，是祭祀死者的一种活动。汉族和一些少数民族大多都是在清明节扫墓。

习俗：按照旧的习俗，扫墓时，人们要携带酒食果品、纸钱等物品到墓地，将食物供祭在亲人墓前，再将纸钱焚化，为坟墓培上新土，折几枝嫩绿的新枝插在坟上，然后叩头行礼祭拜，最后吃掉酒食回家。唐代诗人杜牧的诗《清明》：“清明时节雨纷纷，路上行人欲断魂。借问酒家何处有？牧童遥指杏花村。”写出了清明节的特殊气氛。

清明节，又称踏青节，按阳历来说，它是在每年的 4 月 4 日至 6 日之间，正是春光明媚草木吐绿的时节，也正是人们春游（古代称踏青）的好时候，所以古人有清明踏青，并开展一系列体育活动的习俗。

4. 端午节贺卡

时间：农历五月初五

英文：Dragon Boat Festival

释义：农历五月初五为端午节，是中国古老的传统节日。“端午”本名“端五”，端是初的意思。因为人们认为五月是恶月，初五是恶日，因而避讳“五”，改为“端午”。端午节早在西周初期即有记载，并非为纪念屈原而设立的节日，但是端午节之后的一些习俗受到屈原的影响，端午节贺卡见图 13-3。

习俗：赛龙舟、吃粽子、饮雄黄酒、游百病、佩香囊。

5. 七夕节贺卡

时间：农历七月初七

英文：Chinese Valentine’s day

释义：农历七月初七晚上称为七夕。中国民间传说牛郎织女此夜在天河鹊桥相会。所谓乞巧，即在月光对着织女星用彩线穿针，如能穿过七枚大小不同的针眼，就算很“巧”了。农谚上说“七月初七晴皎皎，磨镰割好稻。”这又是磨镰刀准备收割早稻的时候，七夕节贺卡见图 13-4。

习俗：妇女于七夕夜向织女星穿针乞巧等风俗，受西方国家的影响，我国越来越多的情侣把七夕视为中国情人节，男女双方互赠礼物，或外出约会。

■ 图 13-3 端午节贺卡

■ 图 13-4 七夕节贺卡

6. 中秋节贺卡

时间：农历八月十五

英文：the Mid-Autumn Festival

释义：农历八月十五日，这一天正当秋季的正中，故称中秋。中秋晚上，月圆桂香，旧俗人们把它看作大团圆的象征，要备上各种瓜果和熟食，是赏月的佳节。中秋节还要吃月饼。据传说，元朝末年，广大人民为了推翻残暴的元朝统治，把发起暴动的日期写在纸条上，放在月饼馅儿里，以便互相秘密传递，号召大家在八月十五日起义。终于在这一天爆发了全国规模的农民大起义，推翻了腐朽透顶的元朝统治。此后，中秋吃月饼的风俗就更加广泛地流传开来，中秋节贺卡见图 13-5。

习俗：中秋夜人们会准备各种瓜果和熟食到庭院赏月。

■ 图 13-5 中秋节贺卡

7. 教师节贺卡

时间：九月十日

英文：the Teachers' Day

释义：为了发扬尊师重教的优良传统，提高教师地位，1985 年 1 月 21 日第六届全国人大常委会第九次会议确定，每年 9 月 10 日为中国教师节。在第一个教师节，国家主席向全国教师发出慰问信祝贺，首都召开万人庆祝大会，教师节期间 20 个省市共表彰 11 871 个省级优秀教师集体和个人。而将教师节定在 9 月 10 日是考虑到全国大、中、小学新学年开始，学校要有新的气象。新生入学伊始，即开始尊师重教，可以给"教师教好、学生学好"创造良好的气氛，教师节贺卡见图 13-6。

■ 图 13-6 教师节贺卡

8. 母亲节贺卡

时间：五月的第二个星期日

英文：the Mother's Day

释义：母亲节，是一个感谢母亲的节日。这个节日最早出现在古希腊，而现代的母亲节起源于美国，是每年 5 月的第二个星期日。母亲在这一天通常会收到礼物，康乃馨被视为献给母亲的花，而中国的母亲花是萱草花，又称忘忧草。

这一天，人们总要想方设法使母亲愉快地度过节日，感谢和补偿她们一年的辛勤劳动。最普通的方式是向母亲赠送母亲节卡片和礼物。节日里，每个母亲都会满怀喜悦的心情，接受孩子们和丈夫赠送的玫瑰花或其他花束、糖果、书和纪念品，特别是当她们收到小孩子们自己动手制作的上面用蜡笔稚气地写着“妈妈，我爱你”的字样的卡片时，更会感到格外自豪和欣慰。但最珍贵、最优厚的礼物还是把她们从日常的家务劳动中解放出来，轻松地休息一整天。

节日礼物是康乃馨，红色的康乃馨象征热情，正义，美好和永不放弃，祝愿母亲健康长寿；粉色的康乃馨，祈祝母亲永远年轻美丽；白色的康乃馨，象征儿女对母亲纯洁的爱和真挚的谢意；黄色花朵象征感恩，感谢母亲的辛勤付出，母亲节贺卡见图 13-7。

■图 13-7　母亲节贺卡

13.2 课堂学习——《元旦快乐》贺卡制作

1. 元旦的来历

请扫一扫获取
相关微课视频

元旦指公元纪年的岁首第一天（即 1 月 1 日）。自西历传入我国以后，元旦一词便专用于新年，传统的旧历年则称春节。

而在此之前，元旦一直是指农历岁首的第一天。元是“初”“始”的意思，旦指“日子”，元旦合称即是“初始的日子”，也就是一年的第一天。

1949 年 9 月 27 日，中国人民政治协商会议第一届全体会议决议：“中华人民共和国纪年采用公元纪年法”，即是我们所说的阳历，为了区别农历和阳历两个新年，又鉴于农历二十四节气中的“立春”恰在农历新年的前后，因此便把农历正月初一改称为“春节”，阳历一月一日定为“元旦”，至此，元旦才成为全国人民的欢乐节日。

2. 制作《元旦快乐》节日贺卡

步骤一：新建一个 Flash 文档（Action Script2.0），“文档属性”设置为 1024 像素 ×768 像素，背景颜色为黑色。新建一个图层，命名为“背景”，将“素材”文件夹中的“背景 .jpg”导入到舞台中，并移动图片直至布满舞台，为了在接下来的操作中，背景图片不被修改，将“背景”图层锁定，单击图层上的“锁定或解除锁定所有图层”按钮，即可将图层锁定。

接下来，新建一个图层，命名为“灯笼左”，导入“灯笼 .jpg”到舞台中，图片的背景色为白色，为了抠除背景，必须将图片分离，使用工具栏上的“套索工具”——“魔术棒”工具，在白色背景上单击，即可将白色部分删除，将灯笼图案抠出来，如图 13-8 所示。

为了制作灯笼随风舞动的效果，需要制作一个影片剪辑。将分离的灯笼图形全部选中，将其转换为图形元件，命名为“灯笼”。打开菜单栏“插入”——“新建元件”——“影片剪辑”，命名为“灯笼舞动”，将库中的“灯笼”图形元件拖动至影片剪辑的编辑舞台中，制作灯笼从左至右飘动的传统补间动画。回到场景 1，在原本的“灯笼”图形元件上右击，选择“交换元件”——“灯笼舞动”，将“灯笼”图形元件替换为“灯笼舞动”影片剪辑。

新建一个图层，命名为“灯笼右”，将“灯笼舞动”影片剪辑拖动至舞台右侧，使用“任意变形工具”，翻转影片剪辑的方向，使右边的灯笼舞动的方向与左边灯笼相反。

请扫一扫获取
相关微课视频

■ 图 13-8　制作贺卡片头

步骤二：制作标题文字图形元件，打开菜单栏“插入”——“新建元件”——“图形”，命名为“圆圈”。使用“椭圆工具”绘制如图 13-9 的 4 个白色正圆形，将其组合。使用“文本工具”分别输入文字“元”“旦”“快”“乐”。将文字分离，将“颜色”面板设置为线性渐变，由黄色向橘色渐变，如图 13-10 所示。使用“颜料桶”工具，给每个文字图形上色。最后，将每个文字图形组合。图层的设置见图 13-11。

■ 图 13-9　制作标题文字图形元件

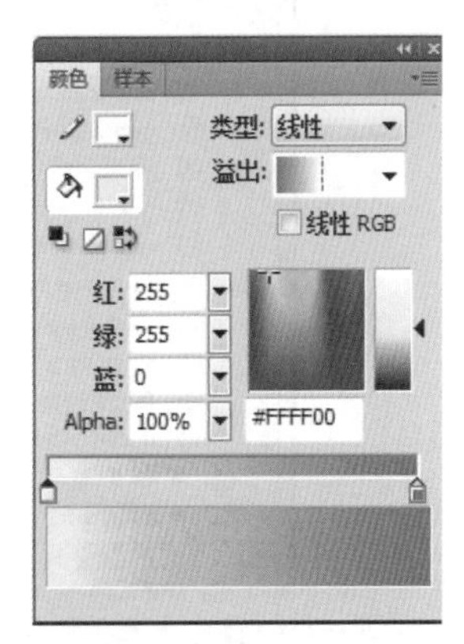

■ 图 13-10　“颜色”面板的设置

步骤三：制作圆形探照灯照射标题文字的遮罩动画，如图 13-12 所示。打开菜单栏“插入”——“新建元件”——“影片剪辑”，命名为“圆圈遮罩”。将“圆圈”图形元件拖动至舞台中，图层设置见图 13-13，在标题文字图形元件的图层上，新建一个遮罩层，将标题文字从左至右进行遮罩。新建一个“探照灯”图层，绘制一个白色正圆形，转换为图形元件，制作该图形元件从左至右运动的传统补间动画。为了让探照灯扫完文字之后，就停止，在最后一个关键帧上编写“动作”代码：stop(); 如图 13-14 所示。

■ 图 13-11　图层的设置

■ 图 13-12　探照灯遮罩效果

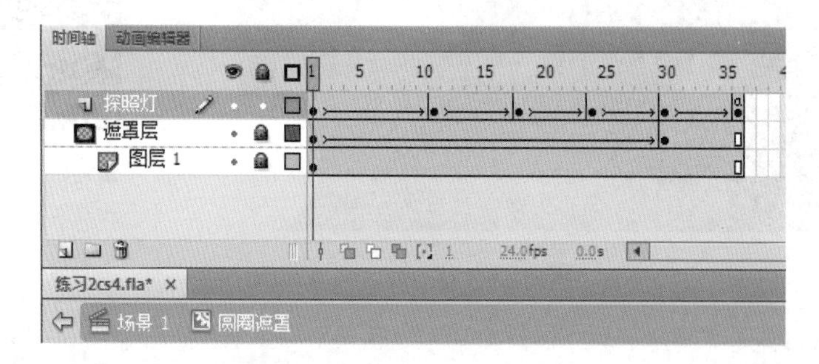

■ 图 13-13　时间轴的设置

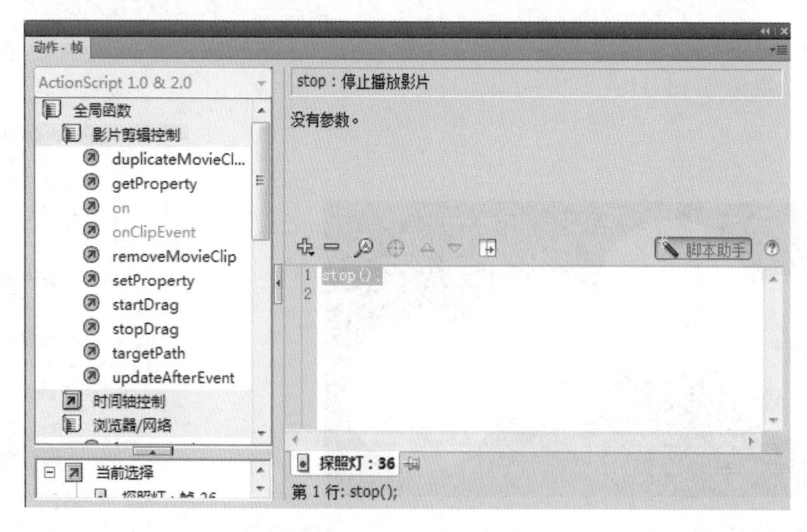

■ 图 13-14　编写动作代码

回到场景 1，将原本的“圆圈”图形元件上右击，选择“交换元件”——“圆圈遮罩”，将“圆圈”图形元件替换为“圆圈遮罩”影片剪辑。

接下来，制作按钮及设置按钮的动作，如图 13-15 所示。打开菜单栏“插入——新建元件——按钮”，命名为“进入”，在按钮编辑窗口，绘制一个圆角矩形，填充黄色，在“指针经过”“按下”和“点击”帧上都分别插入关键帧，在“指针经过”帧上，将圆角矩形调整为橘色，时间轴上的设置见图 13-16 所示。

■ 图 13-15 制作按钮

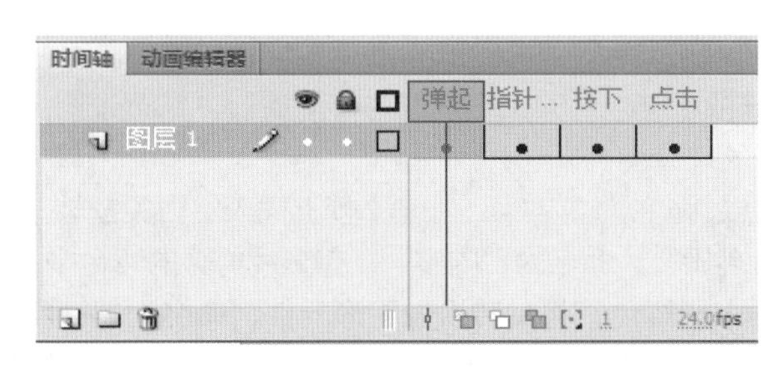

■ 图 13-16 时间轴的设置

回到场景 1，在按钮元件上，使用“文本工具”，输入文字“进入”，选择按钮元件并右击，在弹出的快捷菜单中选择“动作”，打开“动作”面板，在代码编辑器中输入以下代码，如图 13-17 所示。

```
on (press)
{
    gotoAndPlay(2);
}
```

■ 图 13-17 编写动作代码

代码解释：按下按钮，转到并播放第 2 帧的内容。

新建一个图层，命名为“代码”，在图层上第 1 帧插入空白关键帧，在帧上右击，选择“动作”，在“动作”面板中输入代码“stop();”，即第一帧的内容停止，直到触发按钮“进入”，方可进入到第 2 帧的内容。

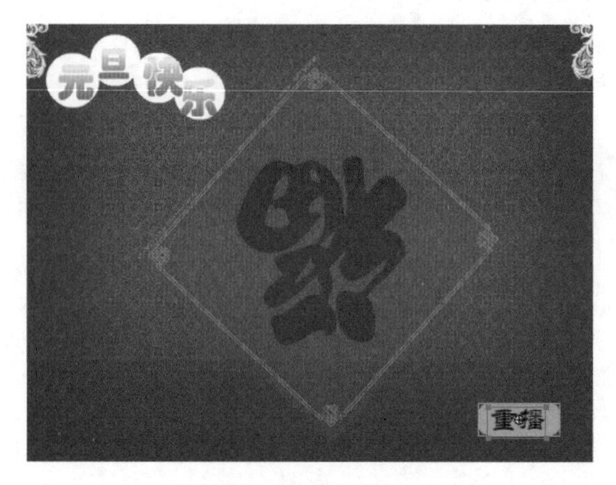

■ 图 13-18　内容图层

步骤四：新建一个图层，命名为“logo”，在库中，找到“圆圈”图形元件，将其拖动至舞台，并使用“任意变形工具”调整大小，将其放置在画面的左上角位置，如图 13-18 所示。在按钮图层上第 2 帧，插入关键帧，把按钮放置在画面右下角位置，并把“进入”的文字修改为“重播”，在背景图层上的第 2 帧插入帧，将背景继续沿用。

接下来，新建一个图层，命名为“内容”，在第 2 帧上插入空白关键帧。打开菜单栏“插入”——“新建元件”——“影片剪辑”，命名为“内容”，在影片剪辑的舞台中，新建图层，命名为“福字”，将“福字 .jpg”导入到舞台，将其转换为图形元件，命名为“福字”，并制作“福字”图形元件的由大变小，由透明至不透明，顺时针旋转的传统补间动画，如图 13-19 所示。

新建一个图层，命名为“文字”，输入文字“新年快乐，身体健康，事业进步，合家幸福”，字体样式为隶书，颜色为黄色，如图 13-20 所示。制作祝福文字的遮罩动画，使用遮罩层动画来实现文字缓缓出现的效果，如图 13-21 所示。

■ 图 13-19　制作“福字”动画

■ 图 13-20　输入祝福文字

步骤五：制作黄色线条顺时针勾勒福字边框的形状补间动画。依旧停留在“内容”影片剪辑的舞台中，创建 4 个图层，分别命名为“黄边 1”“黄边 2”“黄边 3”“黄边 4”，分别在每个层上，制作黄色线条由短变长的形状补间动画，如图 13-22 所示，直至 4 条黄色线条将福字的边框全部勾勒完。时间轴上的设置见图 13-23。

■ 图 13-21　文字遮罩动画的制作

图 13-22　用黄色线条勾勒“福”字边框

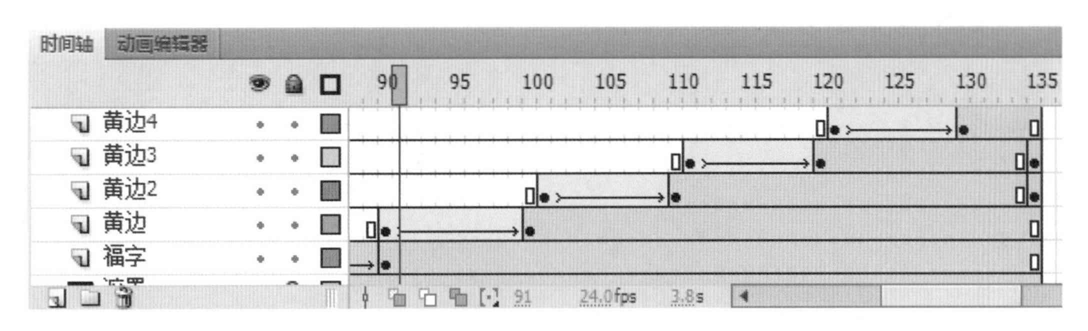

■ 图 13-23　时间轴的设置

回到场景 1，设置“重播”按钮上的动作。

```
on (press)
{
gotoAndPlay(1);
}
```

代码解释：按下按钮，转到并播放第 1 帧的内容。

步骤六：在场景 1 中，“代码”图层上的第 2 帧插入空白关键帧，在帧上右击，选择“动作”命令，在“动作”面板中输入代码“stop();”，即让第 2 帧的内容停止，直到触发按钮“重播”，方可进入到第 1 帧的内容。

新建一个图层，命名为“音乐”，打开菜单栏“插入”——“新建元件”——“影片剪辑”，命名为“音乐”，在影片剪辑的舞台中，新建图层，命名为“音乐”，将“纯音乐－贺新年 .mp3”导入到舞台，在“属性”面板中，音乐名称选择“纯音乐－贺新年 .mp3”，“数据流”设为同步。在“音乐”图层上的第 4636 帧上插入帧，历时 193 秒，刚好是这首音乐的长度。回到场景 1，将“音乐”影片剪辑拖动至舞台，并在第 2 帧上插入帧。场景 1 中的时间轴设置见图 13-24。

■ 图 13-24　时间轴的设置

按【Ctrl+Enter】组合键测试影片，观看动画和声音效果，并检查按钮功能是否实现。最后，发布 Flash 文件为 .swf 格式。

本章小结

本章学习了 Flash 节日贺卡的制作方法。在课前学习中，学习了中国传统节日的来历和风俗习惯，通过观赏各种节日的贺卡，了解节日贺卡的创作手法：由小见大，从细节出发，才能抓住人心。在课堂学习中，通过一个实例的练习，学习《元旦快乐》节日贺卡的制作，虽然贺卡的演示时间非常短，但是制作贺卡的工作量却是非常大的，从收集处理素材，到动画的制作，都需要我们不断摸索，将贺卡制作得更加细致、细腻和活泼。

课后检测

操作题

请选择一个节日，制作节日贺卡动画，并发送给你的亲朋好友。

参 考 文 献

[1] 刘花 .Flash 动画制作 [M]. 武汉：武汉大学出版社 , 2013.

[2] 贺欣 .Flash CS4 动画创作全程解析 [M]. 北京：化学工业出版社 , 2010.

[3] 付一君 .Flash 影视动画短片设计与制作 [M]. 北京：清华大学出版社 , 2010.

[4] 祝智庭 . 教育信息化的新发展 : 国际观察与国内动态 [J]. 北京：现代远程教育研究，2012(03).

[5] 胡小勇 . 在线环境下学习者协作解决问题的策略研究 [J]. 北京：中国电化教育， 2015(05).